土建工程师必备技能系列丛书

建筑安全管理与文明施工图解

赵志刚　主编

中国建筑工业出版社

图书在版编目（CIP）数据

建筑安全管理与文明施工图解/赵志刚主编. —北京：
中国建筑工业出版社，2015.11
（土建工程师必备技能系列丛书）
ISBN 978-7-112-18522-1

Ⅰ.①建… Ⅱ.①赵… Ⅲ.①建筑工程-工程施工-
安全管理-图解 Ⅳ.①TU714-64

中国版本图书馆CIP数据核字（2015）第233776号

本书内容共分8章，包括安全管理与文明施工；脚手架安全检查；基坑工程、模板支架与高处作业；施工用电、物料提升机与施工升降机；塔式起重机、起重吊装与施工机具；模板施工；建筑施工消防平面布置；建筑工程典型安全事故案例解析。本书系统介绍了建筑安全管理与文明施工所需掌握的基本技术知识及注意事项。重点突出、针对性好、实战性强，可供建筑行业技术管理人员学习使用。
登录www.cabplink.com，可观看本书主编赵志刚老师的更多授课视频。

责任编辑：张 磊 万 李 岳建光
责任设计：李志立
责任校对：陈晶晶 刘 钰

土建工程师必备技能系列丛书
建筑安全管理与文明施工图解
赵志刚 主编
*
中国建筑工业出版社出版、发行（北京西郊百万庄）
各地新华书店、建筑书店经销
霸州市顺浩图文科技发展有限公司制版
北京同文印刷有限责任公司印刷
*
开本：787×1092毫米 1/16 印张：16½ 字数：407千字
2016年3月第一版 2016年3月第一次印刷
定价：**40.00**元
ISBN 978-7-112-18522-1
（27766）

版权所有 翻印必究
如有印装质量问题，可寄本社退换
（邮政编码 100037）

本书编委会

主　　编：赵志刚

参编人员：孟祥金　邢志敏　曾　雄　徐　鹏　赵雅楠　乌兰图雅
　　　　　张文明　刘樟斌　郑嘉鑫　陈德荣　杜金虎　沈　权
　　　　　樊红彪　吴芝泽　张小元　刘绪飞　刘建新　韩路平
　　　　　许永宁　王晓亮　吴海燕　唐福钧　聂星胜　陆胜华

前　言

随着我国建筑事业的发展，应用型人才深受追捧，追随国家多层次办学理念以及应用型人才注重实践性培养模式的特点，特地为高职高专、大中专土木工程类学生及土木工程技术与管理人员编写的培训教材和参考用书。

本书共分 8 章，主要包括：安全管理与文明施工；脚手架安全检查；基坑工程、模板支架与高处作业；施工用电、物料提升机与施工升降机；塔式起重机、起重吊装与施工机具；模板施工；建筑施工消防平面布置；建筑工程典型安全事故案例解析。

本书和以往的教科书不同，其具有以下优点：

（1）本书体系完整，采用理论与实践相结合的方式，利用图文并茂的讲解方法将理论渗透到实践中去，让读者身临其境感受现场管理要点。

（2）本书贯彻少而精的原则，精选了施工过程中常用的、重要的、新的施工工艺等知识点，理论都是严格遵守现行标准规范和图集。

（3）注重培养应用型人才，着眼短时间培养读者的实战能力，让其迅速在建筑行业的从业者中脱颖而出。

由于编者水平有限，书中难免有不妥之处，欢迎广大读者批评指正，意见及建议可发送至邮箱 bwhzj1990@163.com。

登录 www.cabplink.com，可观看本书主编赵志刚老师的更多授课视频。

2015 年 10 月

目 录

第1章 安全管理与文明施工	1
1.1 与安全管理有关的名词	1
1.2 安全管理	3
1.3 文明施工	20
第2章 脚手架安全检查	39
2.1 扣件式钢管脚手架	39
2.2 门式钢管脚手架	52
2.3 碗扣式钢管脚手架	58
2.4 承插型盘扣式钢管脚手架	62
2.5 满堂脚手架	68
2.6 悬挑式脚手架	72
2.7 附着式升降脚手架	77
2.8 高处作业吊篮	87
第3章 基坑工程、模板支架与高处作业	94
3.1 基坑工程	94
3.2 模板支架	106
3.3 高处作业	115
第4章 施工用电、物料提升机与施工升降机	126
4.1 施工用电	126
4.2 物料提升机	133
4.3 施工升降机	140
第5章 塔式起重机、起重吊装与施工机具	148
5.1 塔式起重机	148
5.2 起重吊装	158
5.3 施工机具	163
5.3.1 常用施工机械识别	163
5.3.2 施工机具检查评定项目	163
5.3.3 施工机具的检查评定应符合的规定	164
第6章 模板施工	170
6.1 模板体系材料选用	170
6.1.1 术语	170
6.1.2 几种模板施工模型介绍	171
6.1.3 模板体系材料选用	173
6.1.4 建筑施工中常见的支模形式展示	176

6.1.5 荷载 …… 178
6.2 模板设计计算、构造与安装 …… 182
6.2.1 模板设计的一般规定 …… 182
6.2.2 现浇混凝土模板计算 …… 183
6.2.3 模板安装构造一般规定 …… 184
6.2.4 支撑梁、板支架立柱安装构造 …… 188
6.2.5 支架立柱安装构造 …… 192
6.2.6 立柱支撑安装 …… 192
6.2.7 普通模板安装构造 …… 197
6.2.8 爬升模板安装构造 …… 199
6.2.9 飞模板安装构造 …… 199
6.2.10 隧道模安装构造 …… 200
6.3 模板拆除及安全管理、案例分析 …… 200
6.3.1 模板拆除程序和要求 …… 200
6.3.2 模板拆除 …… 201
6.3.3 安全管理 …… 203
6.3.4 案例分析 …… 204
6.4 总结 …… 209

第7章 建筑施工消防平面布置 …… 210
7.1 建筑施工消防平面布置 …… 210
7.1.1 术语 …… 210
7.1.2 总平面布局 …… 212
7.2 建设工程施工现场防火要求 …… 215
7.2.1 一般规定 …… 215
7.2.2 临时用房防火设计 …… 215
7.2.3 在建工程防火 …… 217
7.3 建筑施工临时消防设施 …… 219
7.3.1 一般规定 …… 219
7.3.2 灭火器及临时消防给水系统 …… 220
7.3.3 应急照明 …… 224
7.4 建筑施工防火管理 …… 224
7.4.1 一般规定 …… 224
7.4.2 可燃物及易燃易爆危险品管理 …… 226
7.4.3 用火、用电、用气管理 …… 226

第8章 建筑工程典型安全事故案例解析 …… 230
8.1 常见建筑事故统计与分类 …… 230
8.2 案例分析 …… 230
8.3 事故总结 …… 254

第1章 安全管理与文明施工

1.1 与安全管理有关的名词

(1) 保证项目　Assuring items

检查评定项目中,对施工人员生命、设备设施及环境安全起关键性作用的项目。如图1.1-1、图1.1-2所示。

图1.1-1　高支模坍塌

图1.1-2　外用电梯事故

(2) 一般项目　General items

检查评定项目中,除保证项目以外的其他项目。如图1.1-3、图1.1-4所示。

安全标识具体有以下几种类型:电力安全标识牌、安全出口标识牌、安全生产标识牌、消防安全标识牌、工地安全标识牌、安全警示标识牌。

对进入施工现场的工人进行安全常识的宣传,可以提高工人们的安全意识,杜绝在施工中造成人身伤害,这其中包括"三不伤害"即:不伤害自己、不伤害他人、不被他人伤害,让工人高高兴兴打工来,平平安安回家去。

(3) 公示标牌　Public signs

在施工现场的进出口处设置的工程概况牌、管理人员名单及监督电话牌、消防保卫牌、安全生产牌、文明施工牌及施工现场总平面图等(简称五牌一图)。如图1.1-5、图1.1-6所示。

五牌一图是体现文明施工的一个展示,基本内容包含有整个工程的相关信息和一些行为标准,在施工过程中如遇突发情况,可以通过五牌一图的内容和相关部门取得联系,妥善解决问题。

图 1.1-3　现场安全标识

图 1.1-4　施工现场安全宣传

五牌一图，标牌规格统一、位置合理、字迹端正、线条清晰、表示明确，并固定在现场内主要进出口处，严禁将"五牌一图"挂在外脚手架上。

（4）临边　Temporary edges

施工现场内无围护设施或围护设施高度低于 0.8m 的楼层周边、楼梯侧边、平台或阳

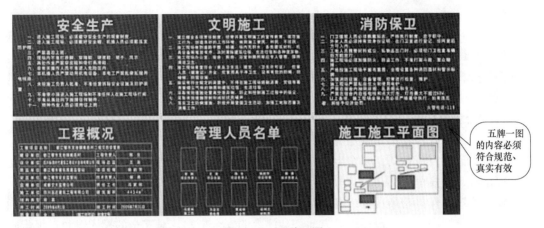

图 1.1-5　五牌一图

台边、屋面周边和沟、坑、槽、深基础周边等危及人身安全的边沿的简称。如图 1.1-7 所示。

图 1.1-6　五牌一图现场设置概况

图 1.1-7　楼梯防护

防护栏杆应搭设三道，第一道栏杆离地 1200mm，第二道栏杆离地 600mm，第三道栏杆离地 150mm。立杆高度 1300mm，立杆间距不大于 2000mm。

除经设计计算外，横杆长度大于 2m 时，必须加设栏杆柱，栏杆柱的固定及其与横杆的连接，其整体构造应使防护栏杆在上杆任何处，能经受任何方向的 1000N 外力。

在距基坑上口外侧 1.5m 处设置护身栏杆，沿基坑设置，要连续，不得留有缺口；栏杆高度为 1.2m，设两道横向护身栏杆，护身栏杆立杆间距 2.0m，立杆埋入地下深度应大于 30cm。

基坑临边防护栏全部由钢结构组成。钢材采用国家标准材料，制作严格按图施工，尺寸正确，焊接点牢固，达到安全防护之目的。

1.2　安全管理

1. 安全管理工作的依据

安全管理检查评定应符合国家现行有关安全生产的法律、法规、标准的规定。例如

《建筑施工安全检查标准》JGJ 59—2011 等。

现在实行的安全生产法最新版本是经过2014年全国人大常委会关于安全生产法的修正案修改后的2014年修订版，修订后的安全生产法最新版本共114条，涵盖了从业人员的安全生产权利义务、生产经营单位的安全生产保障、安全生产的监督管理等内容，自2014年12月1日起施行。

2. 安全管理检查评定的内容

安全管理检查评定工作分保证项目和一般项目两项。

（1）保证项目应包括：安全生产责任制、施工组织设计及专项施工方案、安全技术交底、安全检查、安全教育、应急救援，见图1.2-1、图1.2-2。

安全管理工作具有高责任、高风险的特点，要做好一个单位的安全工作，首先要靠领导对安全的重视和支持。包括思想方面、会议上的安全指示，对安全的投入以及对报告隐患整改措施的支持力度，其次安全管理人员要具有较高的文化素质、管理水平和业务技能，善于与领导、同事、各部门以及员工的沟通、交流，还要有强烈的责任心和不怕得罪人的心态，对待违章和不安全因素，要一视同仁，处理到位，要做好言传身教。

一个安全管理者，要手勤、嘴勤、腿勤、心细，勤检查、多教育、多督促、多汇报、多沟通、勤联系、多思考，让领导和同行理解，让职工认识安全，让员工讲安全、学安全、用安全，用规范化的管理和标准化的操作来影响全体人员，提升安全管理水平和自觉遵章守纪的能力，来消除事故隐患和违章作业，加强事故应急训练，最终达到预防事故、控制事故，减少人为事故的发生。

图1.2-1　工地全景图

图1.2-2　组织召开安全会议

在以下情况下必须进行安全技术交底：

1）大规模群体性工程，总承包人不是一个单位时，由建设单位向各项工程的施工总承包单位作建设安全要求及重大安全技术措施交底。

2）大型或特大型工程项目，由总承包公司的总工程师组织有关部门向项目经理部和分包商进行安全技术措施交底。

3）一般工程项目，由项目经理部技术负责人和现场经理向有关施工人员（项目工程部、商务部、物资部、质量和安全总监及专业责任工程师等）和分包商技术负责人进行安全技术措施交底。

第1章 安全管理与文明施工

4) 分包商技术负责人,要对其管辖的施工人员进行详细的安全技术措施交底。

5) 项目专业责任工程师,要对所管辖的分包商工长进行专业工程施工安全技术措施交底,对分包工长向操作班组所进行的安全技术交底进行监督、检查。

6) 专业责任工程师要对劳务分包方的班组进行分部分项工程安全技术交底,并监督指导其安全操作。

7) 施工班组长在每天作业前,应将作业要求和安全事项向作业人员进行交底,并将交底的内容和参加交底的人员名单记入班组的施工日志中。

(2) 一般项目应包括:分包单位安全管理、持证上岗、生产安全事故处理、安全标志。见图1.2-3~图1.2-5。

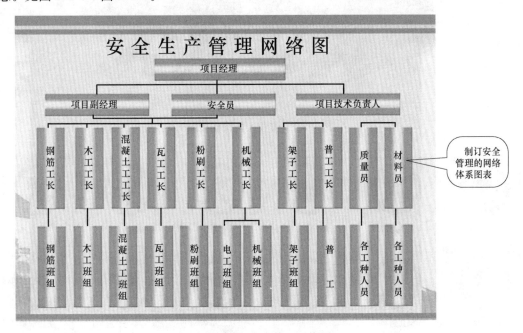

图1.2-3 安全管理网络图

安全管理体系,顾名思义就是基于安全管理的一整套体系,体系包括软件和硬件,软件方面涉及思想、制度、教育、组织、管理;硬件包括安全投入、设备、设备技术等。

1) 不同安全警示牌的作用和基本形式

① 禁止标志是用来禁止人们不安全行为的图形标志。

基本形式是:红色带斜杠的圆边框、图形是黑色、背景是白色。

② 警告标志是用来提醒人们对周围环境引起注意,以避免发生危险的图形标志。

基本形式是黑色正三角形边框、图形是黑色、背景为黄色。

③ 指令标志是用来强制人们必须做出某种动作或必须采取一定防范措施的图形标志。

基本形式是黑色圆形边框、图形是白色、背景为蓝色。

④ 提示标志是用来向人们提供目标所在位置与方向性信息的图形标志。

基本形式是矩形边框、图形文字是白色、背景是所提供的标志,为绿色。消防设备提示标志用红色。

2) 安全警示牌的设置原则

5

图 1.2-4　作业人员持证上岗

图 1.2-5　安全标识牌（禁止标志）

① 标准：图形、尺寸、色彩、材质应符合标准。
② 安全：设置后其本身不能存在潜在危险，保证安全。
③ 醒目：设置的位置应醒目。
④ 便利：设置的位置和角度应便于人们观察和捕获信息。
⑤ 协调：同一场所设置的各标志牌之间应尽量保持其高度和尺寸及周围环境的协调统一。
⑥ 合理：尽量用适量的安全标志反映出必要的信息，避免漏设和滥设。

3）使用安全警示牌的基本要求

① 现场存在安全风险的重要部位和关键岗位必须设置能提供相应安全信息的安全警示牌。根据规定，现场出入口、施工起重机械、临时用电设施、脚手架、通风口、楼梯口、电梯井口、孔洞、基坑边沿、爆炸物及有害物质存放处等属于存在安全风险的重要部位，应当设置明显的安全警示标牌。

② 安全警示牌应设置在所涉及的相应危险地点或设备附近的最容易被观察到的地方。

③ 安全警示牌应设置在明亮的、光线充分的环境中。

④ 安全警示牌应牢固地固定在依托物上，不能产生倾斜、卷翘、摆动等现象，高度应尽量与人眼的视线高度相一致。

⑤ 安全警示牌不得设置在门、窗、架等可移动的物体上，警示牌的正面或其邻近不得有妨碍人们视线的固定障碍物，并尽量避免经常被其他临时性物体所遮挡。

⑥ 多个安全警示牌在一起布置时，应按禁止、警告、指令、提示类型的顺序，先左后右，先上后下进行排列。各标志牌之间的距离至少应为标志牌尺寸的 0.2 倍。

⑦ 有触电危险的场所，应选用由绝缘材料制成的安全警示牌。

⑧ 室外露天场所设置的消防安全标志宜选用由反光材料或自然发光材料制成的警示牌。

⑨ 对有防火要求的场所，应选用由不燃材料制成的安全警示牌。

⑩ 现场布置的安全警示牌应进行登记造册，并绘制安全警示布置总平面图，按图进行布置，如布置的点位发生变化，应及时保持更新。

⑪ 现场布置的安全警示牌未经允许，任何人不得私自进行挪动、移位、拆除或拆换。

⑫ 施工现场应加强对安全警示牌布置情况的检查，发现有破损、变形、褪色等情况时，应及时进行修整或更换。

3. 安全管理保证项目的检查评定的规定

（1）安全生产责任制

工程项目部应建立以项目经理为第一责任人的各级管理人员安全生产责任制；安全生产责任制应经责任人签字确认，见图 1.2-6。

工程项目部应有各工种安全技术操作规程；工程项目部应按规定配备专职安全员；对实行经济承包的工程项目，承包合同中应有安全生产考核指标，见图 1.2-7。

工程项目部配备专职安全员 1 万 m^2 以下工程 1 人；1 万～5 万 m^2 的工程不少于 2 人；5 万 m^2 以上的工程不少于 3 人。见图 1.2-8。

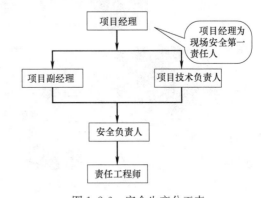

图 1.2-6　安全生产分工表

班前安全教育内容：

① 个人防护用品的穿戴，内场各作业人员需佩戴安全帽、防尘口罩等劳动防护用品。

② 拌料前检查各部机件是否完好，各传动部件有无松动，各部连接螺栓是否紧固可靠，检查设备安全装置。

图 1.2-7　施工操作规程（部分）

图 1.2-8　班前教育

③ 拌料前检查供料系统是否畅通，检查输送管道是否有漏水、漏气、漏油、漏沥青、漏料现象，检查工机具状况。

④ 焊工高处作业必须戴安全帽、系安全带、严禁将焊接电线、皮管缠在身上攀登，立体作业时应设隔离板，以防火花溅落或切割余料掉下。

⑤ 锅炉工遇有特殊情况，如漏水及附件失灵等，应立即采取停炉、熄火，但必须转告主管部门，共同采取措施。

⑥ 电工高空作业必须有人监护、系安全带，使用竹木梯要牢固平稳、角度适当，不准上下抛掷工具物品。

⑦ 作业人员必须熟悉有关沥青拌和设备说明书中所描述的所有机械部分，做到熟悉本机械的性能、特点、安全操作及注意事项。

⑧ 装载机操作人员必须是经过专业培训，持有操作证者方可准许驾驶操作，无证人

员严禁独立顶岗作业。严禁驾驶员酒后或过度疲劳驾驶作业。

⑨ 装载机行驶时，禁止人员上下车，除驾驶室内，任何地方不得乘坐人员，还应避免不适当的高速和急转弯。

⑩ 装料时应低速行进，不得采用加大油门高速将铲斗插入料堆的方式作业。

⑪ 锅炉工每天作业前，应认真查看各类仪表，穿戴防护用品，在锅炉房作业时防止被烫伤。

⑫ 讲解现场一般安全知识，活完场清工作的落实，危险物品的正确处理。

⑬ 不违章作业，拒绝违章指挥，禁止乱动、损坏安全标志，乱拆安全设施。

⑭ 当前作业环境应掌握的安全技术操作规程。

⑮ 季节性生产作业环境、作业位置安全，作业人员身体状况、情绪的检查。

工程项目部应制订安全生产资金保障制度；按安全生产资金保障制度，应编制安全资金使用计划，并应按计划实施；工程项目部应制订以伤亡事故控制、现场安全达标、文明施工为主要内容的安全生产管理目标；按安全生产管理目标和项目管理人员的安全生产责任制，进行安全生产责任目标分解；应建立对安全生产责任制和责任目标的考核制度；按考核制度，对项目管理人员定期进行考核。见图1.2-9、图1.2-10。

图1.2-9　安全生产责任到人

图1.2-10　安全生产考核

如何才能把安全责任落实到人？

首先，细化责任，做到泾渭分明、严丝合缝。责任之所以浮在水面、飘在半空，关键就是没分清、没说明。要深化细化责任，将其说得明明白白、分得清清楚楚，做到个个不少、环环相扣。

其次，加强检查，及时查明问题、堵住漏洞。落实责任，最忌有令不行、时紧时松，要一刻不能断、时时绷紧弦。责任松一松、停一停，隐患就会"长一长"，事故可能到眼前"晃一晃"。

再次，严格问责，做到内有动力、外有压力。问责最忌失之于宽、失之于软。轻打轻放、不痛不痒，责任人记性不会长。

安全生产由考核小组负责组织项目管理人员，各工种班组长参加，个人介绍、大家评论，以打分或举手表决的方式，按人数的90%通过为优良，80%通过为合格，80%以下为不合格，时间为每季度考核一次，每年度不少于两次。

(2) 施工组织设计及专项施工方案

项目部在施工前应编制施工组织设计，施工组织设计应针对工程特点、施工工艺制定安全技术措施；危险性较大的分部分项工程应编制安全专项施工方案，应有针对性，并进行设计计算；如：深基坑、高支模。见图1.2-11、图1.2-12。

深基坑工程施工方案必须经过专家论证，参加论证的专家需符合以下要求：

1) 诚实守信、作风正派、学术严谨。

2) 从事专业工作15年以上或具有丰富的专业经验。

3) 具有高级专业技术职称。

4) 专家组成员：应当有5名及以上符合相关专业要求的专家组成。

图1.2-11 复杂的深基坑

图1.2-12 高大模架

高大模架的论证要点有以下几点：

脚手架搭、拆方法，必要的设计计算，脚手架构造等。

超过一定规模的危险性较大的分部分项工程，施工单位应组织专家对专项施工方案进行论证；施工组织设计、安全专项施工方案，应由有关部门审核，施工单位技术负责人、监理单位项目总监批准。如超过50m高度的落地式钢管脚手架工程。见图1.2-13。

高大脚手架专项施工方案由项目经理审核，由企业技术负责人审批，经过专家论证后，由总监理工程师进行最后审批方可。

需编制专项安全施工方案及专家论证的分部分项工程范围，应按住房城乡建设部《危险性较大的分部分项工程安全管理办法》执行，如超过20m高的悬挑脚手架工程。见图1.2-14、图1.2-15。

卸料平台是楼层进出材料的主要通道，为施工临时结构，主要承受施工过程中的垂直和水平荷载，用于传递施工周转材料。

卸料平台的构架、结构、拉结件等必须进行设计，复核其承载力，制订完整的卸料平台搭设、使用和拆除施工方案。

悬挑脚手架钢梁论证要点：

图 1.2-13 高大脚手架 图 1.2-14 悬挑脚手架

1) 钢梁截面尺寸应经设计计算确定,且截面高度不应小于 160mm。
2) 钢梁锚固端长度不应小于悬挑长度的 1.25 倍。
3) 钢梁锚固处结构强度、锚固措施应符合规范要求。
4) 钢梁外端应设置钢丝绳或钢拉杆并与上层建筑结构拉结。
5) 钢梁间距应按悬挑架体立杆纵距设置。

(3) 安全技术交底

施工负责人在分派生产任务时,应对相关管理人员、施工作业人员进行书面安全技术交底;安全技术交底应按施工工序、施工部位、施工栋号分部分项进行,见图 1.2-16。

图 1.2-15 悬挑架钢梁　　图 1.2-16 项目负责人进行安全技术交底

安全技术交底应结合施工作业场所状况、特点、工序,对危险因素、施工方案、规范标准、操作规程和应急措施进行交底;安全技术交底应由交底人、被交底人、专职安全员进行签字确认。

施工现场有新工人进场时,必须由专职安全员及时进行安全交底。见图 1.2-17。

安全技术交底主要包括三个方面：一是按工程部位分部分项进行交底；二是对施工作业相对固定，与工程施工部位没有直接关系的工种，如起重机械、钢筋加工等，应单独进行交底。

对特殊工种，如架子工，必须在每天施工前进行单独的安全交底，对施工中脚手架的搭设方法、安全防护等内容进行详细讲解，避免工人在施工中发生安全事故。见图1.2-18。

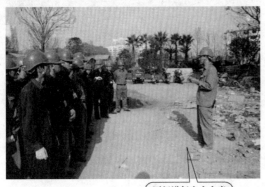

逐级进行安全交底

图1.2-17　新工人进场的交底

建筑电工、建筑架子工、起重机械司机、信号工、吊篮安装拆卸工、电焊工等

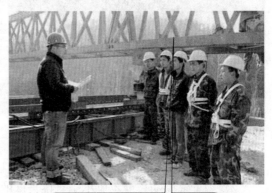

图1.2-18　架子工施工交底

三是对工程项目管理人员，应进行以安全施工方案为主要内容的交底。见图1.2-19。

项目部安全技术交底由项目经理组织对项目管理人员进行，以安全施工方案为主要交底内容。

（4）安全检查

工程项目部应建立安全检查制度；安全检查应由项目负责人组织，专职安全员及相关专业人员参加，定期进行并填写检查记录；对检查中发现的事故隐患应下达隐患整改通知单，定人、定时间、定措施进行整改。重大事故隐患整改后，应由相关部门组织复查。见图1.2-20。

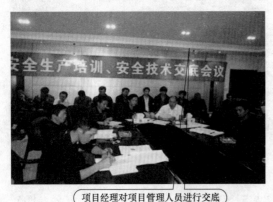

项目经理对项目管理人员进行交底

图1.2-19　项目部安全技术交底

安全部门在事故整改后组织复查

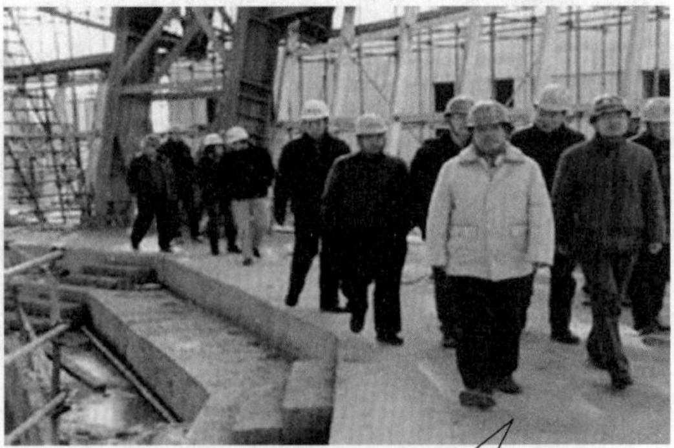

图1.2-20　事故复查

安全部门应根据隐患整改部门回执，逐条进行复查，对整改没有按照要求或达不到要求的要查明原因，进行严格考核，进行二次整改工作循环和考核。

安全检查应包括定期安全检查和季节性安全检查。定期安全检查以每周一次为宜。季节性安全检查，应在雨期、冬期之前和雨期、冬期施工中分别进行。见图 1.2-21。

季节性安全检查要点：

1) 春季安全大检查：以防雷、防静电、防解冻跑漏为重点。

2) 夏季安全大检查：以防暑降温、防汛为重点。

3) 秋季安全大检查：以防火、防冻保温为重点。

4) 冬季安全大检查：以防火、防爆、防中毒、防冻防凝、防滑为重点。

对重大事故隐患的整改复查，应按照谁检查谁复查的原则进行。安全事故四不放过原则：事故原因不查清不放过、责任人员未处理不放过、整改措施未落实不放过、有关人员未受到教育不放过。

图 1.2-21　季节性检查

在整改过程中，要认真制订整改方案，落实整改措施，确保事故隐患及时按期消除。在整改期限内，要采取必要的防范措施，做到防患于未然。重大事故隐患项目部的负责人，应加强对隐患整改的协调和日常督查，解决实际问题，促进落实整改工作。

(5) 安全教育

项目部应建立安全教育培训制度；当施工人员入场时，项目部应组织进行以国家安全法律法规、企业安全制度、施工现场安全管理规定及各工种安全技术操作规程为主要内容的三级安全教育培训和考核。

当施工人员变换工种或采用新技术、新工艺、新设备、新材料施工时，应进行安全教育培训。

施工管理人员、专职安全员每年度应进行安全教育培训和考核。

安全教育主要包括：安全生产思想、知识、技能三方面的教育。安全技术操作规程是安全教育的主要内容。还包括有：事故教育、安全法制教育。新工人的三级教育、施工人员的进场教育、节假日前后的教育等经常性的安全教育。

施工人员入场安全教育应按照先培训后上岗的原则进行，培训教育应进行试卷考核。

通过入场安全培训教育，使新入场人员了解党和国家关于安全生产、劳动保护的方针、政策、法律法规，以及企业关于安全生产的规章制度，知道安全生产的意义、任务、内容及其重要性，懂得劳动保护、应急救援等安全生产知识，牢固树立"安全第一"和"安全生产人人有责"的思想。

现场应填写三级安全教育台账记录和安全教育人员考核登记表。见图 1.2-22。

(6) 应急救援

工程项目部应针对工程特点，进行重大危险源的辨识。应制订防触电、防坍塌、防高处坠落、防起重机械伤害、防火灾、防物体打击等主要内容的专项应急救援预案，并对施工现场易发生重大安全事故的部位、环节进行监控。见图 1.2-23 和图 1.2-24。

根据危险源的性质、场所、设备、设施等的不同，重大危险源可分为以下七类：①

姓名	成绩	姓名	成绩	姓名	成绩
陈海潮	C	李红宇	B	马凯悦	D
陈家辉	C	李向奥	D	马齐辰	C
陈心悦	B	李潇艺	C	马勤文	D
高潇嵩	C	李小雪	B	苗贺淇	D
高山	D	李昭宇	C	齐映雪	B
高燕天	C	李振宇	D	邱娅桐	B
高瑜蔓	C	刘旻昱	C	屈世豪	C
戈振宇	D	刘舒雯	B	任成坤	D
谷伟豪	C	刘祥悦	B	沈月	C
郭凡昂	D	刘心昊	B	史春龙	D
郭冠廷	D	刘彦辉	B	谭少哲	D
郭展宏	C	刘雨冰	C	谭玥雯	B
韩辰雨	B	刘雨泽	C	田雨恒	D
韩政廷	D	刘禹辰	B	王培煊	C
衡良通	B	刘哲彤	C	王启豪	D
胡锦宇	B	柳玉洁	B	王文乐	D

三级安全教育考核成绩登记表

工程项目名称　施工队名称　表2-3

序号	姓名	性别	年龄	工种	原籍	进场时间	成绩	证件号码	备注

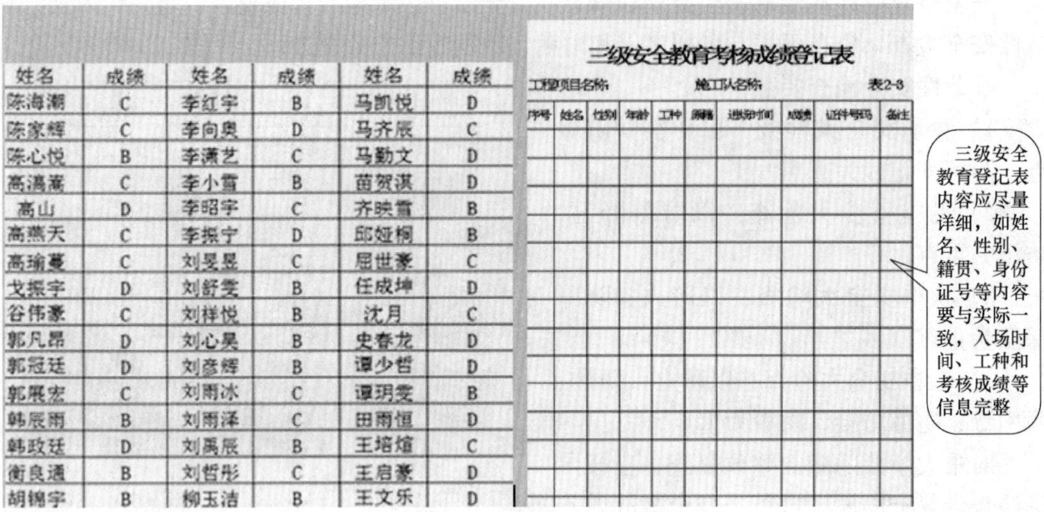

图 1.2-22　三级安全教育登记表

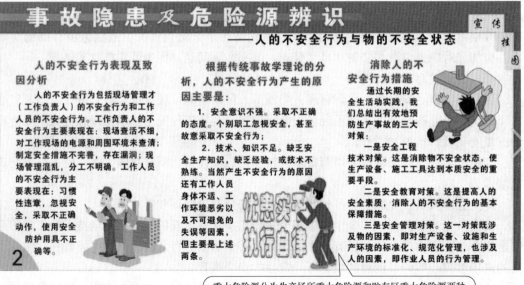

图 1.2-23　重大危险源

易燃、易爆、有毒物质的贮罐区；② 易燃、易爆、有毒物质的库区，如火药、弹药库，毒性物质库，易燃、易爆物品库；③ 具有火灾、爆炸、中毒危险的生产场所；④ 危险建（构）筑物；⑤ 压力管道，包括工业管道、公用管道、长输管道；⑥ 锅炉，包括蒸汽锅炉和热水锅炉；⑦ 压力容器。

应急预案应明确事前、事发、事中、事后的各个过程中相关部门和有关人员的职责。生产规模小、危险因素少的生产经营单位，综合应急预案和专项应急预案可以合并编写。

1）综合应急预案

综合应急预案是从总体上阐述事故的应急方针、政策，应急组织结构及相关应急职责，应急行动、措施和保障等基本要求和程序，是应对各类事故的综合性文件。

2) 专项应急预案

专项应急预案是针对具体的事故类别（如易燃易爆、危险化学品泄漏等事故）、危险源和应急保障而制订的计划或方案，是综合应急预案的组成部分，应按照应急预案的程序和要求组织制订，并作为综合应急预案的附件。专项应急预案应制订明确的救援程序和具体的应急救援措施。

3) 现场处置方案

现场处置方案是针对具体的装

图 1.2-24　组织制订应急预案

置、场所或设施、岗位所制订的应急处置措施。现场处置方案应具体、简单、针对性强。现场处置方案应根据风险评估及危险性控制措施逐一编制，做到事故相关人员应知应会，熟练掌握，并通过应急演练，做到迅速反应、正确处置。

施工现场应建立应急救援组织，培训、配备应急救援人员，定期组织员工进行应急救援演练；按应急救援预案要求，应配备应急救援器材和设备。见图 1.2-25、图 1.2-26。

图 1.2-25　应急救援演练

图 1.2-26　应急救援培训

在施工现场突发火灾、高空坠落、坍塌等安全事故时，应及时上报项目部领导，妥善处理伤者，利用现场器材，控制事态的进一步发展，把伤害降到最低点。

重大危险源辨识根据工程特点和施工工艺，对施工中可能造成重大人身伤害的危险因素、危险部位、危险作业列为重大危险源并进行公示以此为基础编制应急救援预案和控制措施。

应急救援预案制订的原则和方法：

1) 明确编制依据，分析其危险性。

2）明确职责和分工。
3）应急处理方法和具体任务、工作程序。
4）监督与检查，此预案形成后的执行情况。

图 1.2-27 现场应急救援

按照工程的不同情况和应急救援预案要求，应配备相应的应急救援器材，包括：急救箱、氧气袋、担架，见图1.2-27。

4. 安全管理一般项目的检查评定的规定

（1）分包单位安全管理

总包单位应对承揽分包工程的分包单位进行资质、安全生产许可证和相关人员安全生产资格的审查；当总包单位与分包单位签订分包合同时，应签订安全生产协议书，明确双方的安全责任；分包单位应按规定建立安全机构，配备专职安全员。见图1.2-28。

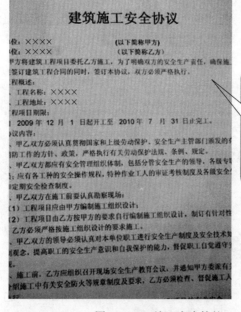

图 1.2-28 施工安全协议

分包单位进入现场施工，必须与总包单位签订施工安全协议，安全协议的内容大致包括：工程概况、双方的权责、事故的处理、需要说明的其他事宜等。

分包单位专职安全员必须经过考试合格，取得安全生产考核合格证书（俗称C本）后，方可上岗。

分包单位安全员的配备应按住建部的规定，专业分包至少1人；劳务分包的工程50人以下的至少1人；50~200人的至少2人；200人以上的至少3人。分包单位应根据每天工作任务的不同特点，对施工作业人员进行班前安全交底。见图1.2-29、图1.2-30。

图1.2-29 施工过程中的安全监督

图1.2-30 认真进行交底

专职安全员职责：

① 认真贯彻执行《建筑法》和有关的建筑工程安全生产法令、法规，坚持"安全第一、预防为主"的方针，具体落实上级公司的各项安全生产规章制度。

② 配合有关部门做好对施工人员的三级安全教育、节假日的安全教育、各工种换岗教育和特殊工种培训取证工作，并记录在案。健全各种安全管理台账。

③ 参加每周一次以上的定期安全检查，及时处理现场安全隐患，签发限时整改通知单。

④ 监督、检查操作人员的遵章守纪。制止违章作业，严格安全纪律，当安全与生产发生冲突时，有权制止冒险作业。

⑤ 检查劳动保护用品的质量，反馈使用信息。

⑥ 协助上级部门的安全检查，如实汇报工程项目或生产中的安全状况。

每天在施工前，由专职安全员对职工进行班前安全交底，把施工中容易发生安全事故的重要部位、安全保护措施等详细讲解。班前交底的资料由安全员保管，保证其可追溯性。

（2）持证上岗

1）从事建筑施工的项目经理、专职安全员和特种作业人员，必须经行业主管部门培训考核合格，取得相应资格证书，方可上岗作业。

2）项目经理、专职安全员和特种作业人员应持证上岗。

特种作业操作证一般有效期为6年，在全国范围内有效，每3年进行一次复审，特种作业人员在特种作业操作证有效期内，连续从事本工种10年以上，严格遵守有关安全生产法律法规的，经原考核发证机关或者从业所在地考核发证机关同意，特种作业操作证的复审时间可以延长至每6年1次。

（3）生产安全事故处理

1）当施工现场发生生产安全事故时，施工单位应按规定及时报告。

2）施工单位应按规定对生产安全事故进行调查分析，制订防范措施。

3）应依法为施工作业人员办理保险。见图1.2-31、图1.2-32。

图 1.2-31 安全事故报告

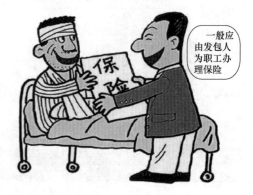
图 1.2-32 保险办理

生产经营单位发生生产安全事故后，事故现场有关人员应当立即报告本单位负责人，单位负责人接到报告后，应当于1小时内向事故发生地县级以上人民政府安全生产监督管理部门和负有安全生产监督管理职责的有关部门报告。

情况紧急时，事故现场有关人员可以直接向事故发生地县级以上人民政府安全生产监督管理部门和负有安全生产监督管理现场的有关部门报告。

在施工中，一般情况下由发包人负责为被保险人进行投保，而实际上有很大一部分单位是不会主动为被保险人交费投保的，这样就会造成发生意外而不能得到赔偿的后果。

工程项目发生的各种安全事故应进行登记报告，并按规定进行调查、处理、制订预防措施，建立事故档案。重伤以上事故，按国家有关调查处理规定进行登记建档。

发生生产安全事故后，施工单位负责人接到报告后，应当立即启动事故相应应急预案，或者采取有效措施，组织抢救，防止事故扩大，减少人员伤亡和财产损失，妥善保护事故现场，需要移动现场物品时，应当做出标记和书面记录，妥善保管在关证物。

（4）安全标志

施工现场入口处及主要施工区域、危险部位应设置相应的安全警示标志牌，见图1.2-33、图1.2-34。

图 1.2-33 施工警告标志牌

图 1.2-34 禁止和指令标志牌

安全标志牌的规格一般有 500mm×400mm 和 400mm×300mm 两种。

施工现场应绘制安全标志布置图。见图 1.2-35。

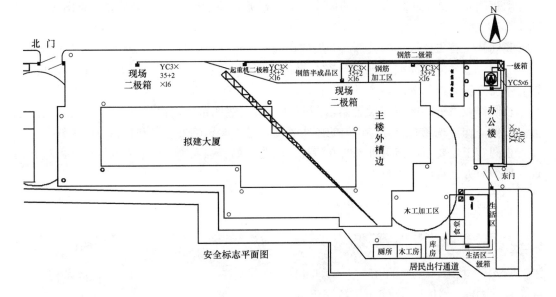

图 1.2-35 安全标志布置图

安全标志牌应该设置在主要出入口、施工危险部位，对现场人员起到提醒、禁止、警告和指示的积极作用。

应根据工程部位和现场设施的变化，调整安全标志牌设置；施工现场应设置重大危险源公示牌。见图 1.2-36。

序号	工作内容	控制措施
1	基坑坍塌	1. 编制专项施工方案。 2. 定人、定时观测边坡稳定性。 3. 建立坑地堆载制度。
2	高处坠落 物体打击	1. 编制"四口"临边安全技术措施。 2. 建筑物四周搭设安全防护棚。 3. 外架采用密封式安全防护网。
3	触电伤害	1. 编制现场临时用电施工组织设计。 2. 建立用电检查、验收制度。
4	火灾	1. 现场明火作业实行"三级"动火令制度。 2. 现场设置易燃易爆库。 3. 配备足够的灭火器材。
5	起重伤害	1. 编制塔吊电梯安装施工方案。 2. 施工队伍具备相应的资质。 3. 建立日常检查性保养制度。
6	模板坍塌	1. 编制模板施工方案。 2. 实行拆模令制度。

图 1.2-36 重大危险源公示牌

对于施工现场的标志牌、公示牌等标志，应悬挂牢固，必要时做防护棚保护，在施工过程中发现损坏，应及时更换、补充。

施工现场安全标志的设置应根据工程部位进行调整。主要包括：基础施工、主体施工、装修施工三个阶段。

对夜间施工或人员经常通行的危险区域、设施，应安装灯光示警标志。见图1.2-37、图1.2-38。

夜间施工首先要取得相关部门颁发的夜间施工许可证，夜间施工照明以作业人员能清楚地看到作业环境、能顺利地进行安全操作为原则，照明光线不能从作业面下方向上照射，不能有较大面积的阴影区或照明盲区。

夜间作业集中的区域宜设置高塔照明灯，增大照明范围。高塔照明灯设在合适的地方，以保证作业现场有充分、均匀的照明亮度，且不会影响驾驶员和操作员的视线。

夜间施工还要考虑施工机械的噪声扰民问题，如有强噪声，应事先与周边居民进行沟通，取得对方同意后方可施工。

图1.2-37 夜间开槽

图1.2-38 夜间施工警示

夜间施工需要控制场内道路交通时，施工承包商提前设置警示、警戒标识和指示标识。标识牌应使用反光材料。

1.3 文明施工

（1）文明施工检查评定应符合现行国家标准《建设工程施工现场消防安全技术规范》GB 50720和现行行业标准《建筑施工现场环境与卫生标准》JGJ 146、《施工现场临时建筑物技术规范》JGJ/T 188的规定。见图1.3-1、图1.3-2。

文明施工的意义：

文明施工是现代建筑生产的客观要求，随着科学技术和生产的发展，建设规模越来越大，技术要求也越来越高及复杂，专业分工越来越细。

文明施工是加强建筑企业精神文明建设的需要，我国施工企业的建筑工人，一般没有经过大工业生产的严格训练，他们的技术水平、文化程度一般不高，还不同程度有着小生产的意识和习惯，不习惯严格的纪律，单凭经验干活，不照操作规程办事。

文明施工是企业竞争的需要，随着社会主义市场经济体制的不断完善，文明施工是建筑市场竞争，企业之间竞争的重要手段。

第1章 安全管理与文明施工

图1.3-1 文明施工展示　　　　　　　图1.3-2 职工活动区

如何做到文明施工：在施工过程中应采取有效措施，按国家及施工所在地的规定，加强对噪声、粉尘、废气、废水的控制治理，努力降低噪声，控制粉尘和废气浓度以及做好废水和废油的治理和排放。

协调好各方关系，严格按照规范施工，搞好安全生产和文明施工，创造安全健康、文明标准工地。

（2）文明施工检查评定保证项目应包括：现场围挡、封闭管理、施工场地、材料管理、现场办公与住宿、现场防火。一般项目应包括：综合治理、公示标牌、生活设施、社区服务。

（3）文明施工保证项目的检查评定应符合下列规定：

1）现场围挡

市区主要路段的工地应设置高度不小于2.5m的封闭围挡；一般路段的工地应设置高度不小于1.8m的封闭围挡；

围挡应坚固、稳定、整洁、美观。见图1.3-3、图1.3-4。

图1.3-3 道路围挡　　　　　　　　　图1.3-4 坚实的围挡基础

围挡设置要求：

现场围挡应做到坚固、稳定、整洁、美观，材料应选用砌体、彩钢板等硬质材料，不

21

应采用彩条布、竹笆、黏土实心砖等。市政道路工程还应设置红灯示警。

施工区、生活区围墙在市区一般不低于2.5m，其他地方一般不低于1.8m。

彩钢板围挡高度不宜超过2.5m，立柱间距不宜大于3.6m，围挡应进行抗风计算。

围挡使用单位应定期进行检查，当出现开裂、沉降、倾斜等险情时，应立即采取相应加固措施。

不应在彩钢板等轻质围挡或紧靠围挡架设广告或宣传标牌。如确需架设的，受力体系应当独立，并经设计计算。

工地必须沿四周连续设置封闭围挡，围挡材料应选用砌体、金属板材等硬性材料，并做到坚固、稳定、整洁和美观。

砌体围挡及基础应进行设计计算，符合国家标准规范规定。砌体不宜采用空斗墙砌筑方式，厚度不宜小于200mm。砌体围挡应设置混凝土壁柱，壁柱间距应按设计要求进行设置且不应大于5.0m。墙体与壁柱之间应设置2ϕ6@500的拉结筋。

2）封闭管理

施工现场进出口应设置大门，并应设置门卫值班室，见图1.3-5、图1.3-6。

图1.3-5 施工现场标准大门　　　　图1.3-6 门卫值班室

应建立门卫职守管理制度，并应配备门卫职守人员。

门卫值班人员必须忠于职守、坚守岗位、认真负责、昼夜巡视，保护施工现场财产不受损失。

门卫值班室内保持整洁，物品摆放整齐。门卫值班室不得作为休闲、娱乐场所，谢绝无关人员逗留。

门卫值班人员在值班期间不准打牌、下棋、吵闹、串岗、离岗、干私活、喝酒、看电视等。夜班当班时不准睡觉，必须在自己的负责范围内巡逻。

门卫值班人员发现有突发事件或重大险情应立即采取措施防止事态、险情扩大，并及时向相关管理人员汇报。

门卫人员现场巡视时，密切注意原材料、成品半成品、机具设备等。发现异常情况及时向相关管理人员汇报。

门卫人员应提醒、监督进入施工现场人员戴好安全帽，并向相关人员（如车辆运输人员、材料供货方、来访人员）义务宣传有关安全、环境管理规定。

第1章 安全管理与文明施工

坚决执行作息制度、交接制度、移交制度，不得私自离开工作岗位。

施工人员进入施工现场应佩戴工作卡，见图1.3-7。

施工人员进入施工现场佩戴工作卡，可以提高项目对施工人员管理的精度，通过工作卡上的信息，识别该工人是否为本工程职工，对人员管理起到辅助作用。

施工现场出入口应标有企业名称或标识，并应设置车辆冲洗设施。见图1.3-8、图1.3-9。

图1.3-7 戴胸卡

图1.3-8 工地入口标识

施工现场出入口的企业标识应简洁、大方，颜色醒目，充分体现企业文化。

如果按要求设置洗车设备，费用较高，所以在目前的施工中，出入口洗车设施五花八门，有的非常简单，一般只是做一个水泥槽，上面设置钢筋焊接的铁篦子，基本上不设冲洗机，有的是一个下凹的水池，里面放上水，总之，大多数洗车池的设置离标准的要求还差很远。

3）施工场地

施工现场的主要道路及材料加工区地面应进行硬化处理，见图1.3-10、图1.3-11。

图1.3-9 出入口洗车

图1.3-10 道路硬化处理

施工现场主要道路和材料加区地面硬化处理可以在施工中减轻工人运输建筑材料的劳动强度，也相对地可以延长各种运输车辆的使用寿命，并可以起到一定的减少扬尘作用。

材料码放、加工区地面宜用混凝土进行硬化处理，设置一定坡度利于雨季排水。

施工现场道路应畅通，路面应平整坚实；施工现场应有防止扬尘措施，见图1.3-12、图1.3-13。

图1.3-11 材料码放区

图1.3-12 施工现场道路施工

施工现场道路在硬化时需留分格缝，分格缝长度不宜大于6m，以解决路面在高、低温时的变形损坏。

施工现场可采用密目网覆盖、铺设石子、洒水等方法作为防止扬尘措施。

密目网覆盖方法普遍使用，优点是造价低，周转率高，覆盖地点灵活。

铺设石子的方法只在小面积使用，周转运输费时费力，不利于再利用。

洒水方法机动灵活，缺点是浪费水源，不符合节能要求，应尽量减少使用。

施工现场应设置排水设施，且排水通畅无积水；施工现场应有防止泥浆、污水、废水污染环境的措施；施工现场应设置专门的吸烟处，严禁随意吸烟；温暖季节应有绿化布置。见图1.3-14、图1.3-15。

图1.3-13 防尘措施

图1.3-14 排水沟

施工场地排水沟的主要作用，是将施工期间的雨水、生活用水以及生产用水有组织地排到场外，以保证施工场地范围内没有任何积水。

排水沟总的设置原则

① 一般情况下，排水沟应设置在不影响拟建或已建建筑物以及材料堆集、加工运输和人员行走的地方。

② 排水沟应满足收集、排出现场积水的客观要求。

③ 排水沟应根据现场施工条件的具体情况，可以采用某一种或某几种单独或组合的排水方式，也就是说应当根据施工现场的实际情况因地制宜、灵活运用。

④ 排水沟纵向坡度应根据地形和最大排水量确定，一般要求不应小于0.3%，在平坦地区不应小于0.2%，在沼泽地区可减至0.1%。如果采用明、暗箱排水沟，由于它是现场制作，相对缸瓦管或水泥管来说排水阻力较大。因此，纵向排水的坡度应比上述数值提高20%为宜。

⑤ 在采用自然排水沟时，边坡坡度应根据土的质量和排水沟的深度确定，一般情况下可以确定为1:0.7～1:1.5。

施工现场设置的固定吸烟处内应有桌椅、水桶等设施。

图1.3-15 休息区

现场主要道路必须采用混凝土、碎石或其他硬质材料进行硬化处理，做到畅通、平整，其宽度应能满足施工及消防等要求，见图1.3-16。

对现场易产生扬尘污染的路面、裸露地面及存放的土方等，应采取合理、严密的防尘措施，见图1.3-17、图1.3-18。

图1.3-16 消防通道

图1.3-17 防尘措施

施工现场要有专人分管防尘事宜，建立和健全防尘机构，制订防尘工作计划和必要的规章制度，切实贯彻综合防尘措施，对控制扬尘的工作进行分解，落实到人。

及时洒水、设置洗车池等环保措施

图 1.3-18　环保措施

4）材料管理

建筑材料、构件、料具应按总平面布局进行码放，见图 1.3-19。

施工现场平面布置原则：

① 施工平面布置应严格控制在建筑红线之内。

② 平面布置要紧凑合理，尽量减少施工用地。

③ 尽量利用原有建筑物或构筑物。

④ 合理组织运输，保证现场运输道路畅通，尽量减少二次搬运。

⑤ 各项施工设施布置都要满足方便施工、安全防火、环境保护和劳动保护的要求。

⑥ 除垂直运输工具以外，建筑物四周 3m 范围内不得布置任何设施。

⑦ 起重机根据建筑物平面形式和规模，布置在施工段分界处，靠近料场。

⑧ 装修时搅拌机布置在施工外用电梯附近，施工道路近旁，以方便运输。

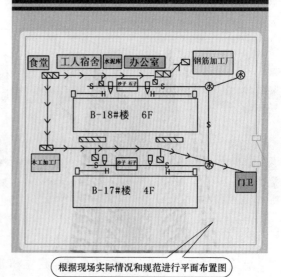

根据现场实际情况和规范进行平面布置图

图 1.3-19　施工现场平面布置图

⑨ 水泥库选择地势较高、排水方便靠近搅拌机的地方。
⑩ 临时水电应就近铺设。
⑪ 在平面交通上，要尽量避免土建、安装以及其他各专业施工相互干扰。
⑫ 符合施工现场卫生及安全技术要求和防火规范。
⑬ 现场布置有利于各子项目施工作业。
⑭ 考虑施工场地状况及场地主要出入口交通状况。
⑮ 结合拟采用的施工方案及施工顺序。
⑯ 满足半成品、原材料、周转材料堆放及钢筋加工需要。
⑰ 满足不同阶段、各种专业作业队伍对宿舍、办公场所及材料储存、加工场地的需要。

⑱ 各种施工机械既满足各工作面作业需要又便于安装、拆卸。

材料应码放整齐，并应标明名称、规格等；施工现场材料码放应采取防火、防锈蚀、防雨等措施，见图1.3-20。

施工现场钢筋堆放高度没有限制，材料堆放应做到整齐，并符合下列规定：钢筋堆放垫高30cm，一头齐，并按不同型号分开放置，为了防止钢筋淋雨生锈而影响使用，宜设置防雨棚。

图1.3-20 钢筋码放

建筑物内施工垃圾的清运，应采用器具或管道运输，严禁随意抛掷；易燃易爆物品应分类储藏在专用库房内，并应制订防火措施，见图1.3-21、图1.3-22。

申请建筑垃圾清运的单位需要持相关材料到市政管理委员会办理《建筑垃圾消纳许可证》，并在将许可证放置于出入口明显位置，垃圾运输公司应取得相关部门颁发的准备运证或劳动证，将建筑垃圾运到指定地点。

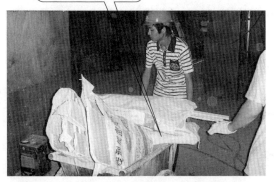

图1.3-21 建筑垃圾清运

图1.3-22 专用库房

易燃易爆专用库设置要求：
① 易燃易爆仓库应远离其他建筑物，通风要良好。仓库周围应有围墙并装置大门。

严禁无关人员进入仓库。

② 仓库工作人员必须了解所管物品的安全知识。严禁烟火，不准把火种、易燃物品和铁器等带入库内。

③ 易燃易爆物品必须分别存放在专用仓库中，不得随意乱放。

④ 库内不得同时存放性质相抵触的爆炸物品和其他物品，亦不得超过规定的储存数量。

⑤ 仓库必须建立定期检查制度，对过期变质的易燃易爆物品要及时处理。

⑥ 严禁在仓库内住宿、开会。收发物品要有严格的登记手续。

⑦ 必须配备充分、完好、合用的消防器材并放置在明显方便的地方。

⑧ 仓库内不准用一般的电机、电气设备、必须按设计规范采用密闭防爆型设备。并要定期检查，确保安全，仓库人员不得拆卸。

⑨ 报警系统必须良好，并定期检查，确保有效。

应根据施工现场实际面积及安全消防要求，合理布置材料的存放位置，并码放整齐，见图1.3-23。

现场存放的材料（如：钢筋、水泥等），为了达到质量和环境保护的要求，应有防雨水浸泡、防锈蚀和防止扬尘等措施，见图1.3-24。

图1.3-23 施工材料码放

图1.3-24 水泥码放

存放水泥时，地面垫板要离地20~50cm，四周离墙30cm，袋装水泥堆垛10袋为宜，如存放期不超过一个月，最高不超过15袋。

5）现场办公与住宿

施工作业、材料存放区与办公、生活区应划分清晰，并应采取相应的隔离措施，见图1.3-25。

施工单位应当将施工现场的办公区、生活区与作业区分开设置，并保持安全距离，办公区、生活区的选址应符合安全要求。

在施工程、伙房、库房不得兼作宿舍；宿舍、办公用房的防火等级应符合规范要求；宿舍应设置可开启式窗户，见图1.3-26。

职工宿舍床铺不得超过2层，通道宽度不应小于0.9m；宿舍内住宿人员人均面积不应小于2.5m^2，且不得超过16人；冬季宿舍内应有采暖和防一氧化碳中毒措施；夏季宿舍内应有防暑降温和防蚊蝇措施，见图1.3-27。

第1章 安全管理与文明施工

图1.3-25 办公区外景

图1.3-26 集体宿舍

生活区、宿舍定期进行安全和卫生检查,严禁在宿舍内赌博、打架斗殴等,由专职人员负责生活区及宿舍的管理,必须时实行入住登记制度。

6）现场防火

施工现场应建立消防安全管理制度、制订消防措施,见图1.3-28、图1.3-29。

图1.3-27 宿舍内部设置　　　　图1.3-28 消防安全管理

施工现场消防措施：

① 经常检查灭火器材的状况,看消防水池水量是否足够,水压力是否达到要求,消防水龙头是否正常,灭火器压力是否足够等。发现问题立即解决,并做好记录。

② 经常检查,及时发现火险隐患并做出正确处理。随时清理施工现场,可燃物不随意堆积,如有堆积必须配备相应的灭火器材。

③ 施工现场不得随意吸烟,在生活区饭堂、门卫室外设吸烟区,同时设烟头桶,桶

图 1.3-29　消防演练

中盛适量水，烟头及时丢入烟头桶中，不得随地乱扔。

④ 禁止携带易燃物品、火种进入施工现场。

⑤ 电动机具不允许超负荷运行，如外壳过热，电流超过额定电流值时，立即停止作业，并迅速查明原因，排除故障后方能进行作业。

⑥ 随时对电气线路进行检查，防止因短路、过载和接触电阻过大等原因产生电火花或引起电线电缆温度过高而引发火灾。同时电动机机壳必须装有良好的接地保护。

⑦ 经常清除附着在机具上的可燃污垢，经常对机电设备进行检查，防止产生火花。

⑧ 做好防雷措施，防止雷电产生的火灾。

⑨ 使用电焊机进行作业前，必须办理动火审批手续。

⑩ 易燃易爆物品仓库设在远离其他临时建筑的地方由专人看管。仓库周围不堆放其他可燃物体，进入仓库不准携带火种。仓库周围如需动火，必须严格执行动火审批制度。

⑪ 木作业时随时注意防火，长时间木材切割作业或切割时有冒烟现象及时对切割机淋水降温处理。

施工现场临时用房和作业场所的防火设计应符合规范要求，见图1.3-30。

单面布置用房时，疏散走道的净宽度不应小于1m，双面布置时不应小于1.5m。

施工现场应设置消防通道（至少4m宽，环形布置）、消防水源，并应符合规范要求，见图1.3-31。

消防水源的设置：可采用市政给水管网或天然水源，当市政给水或天然水源不能稳定、可靠地对现场消防给水管网给水时，应设置临时消防水池，消防水池应设在便于消防

图 1.3-30　临时用房防火设计

图 1.3-31　消防通道

车接近的部位，其有效容积不应小于 $18m^3$。

施工现场灭火器材应保证可靠有效，布局配置应符合规范要求，见图 1.3-32。

消防器材设置要求：

① 临时搭设的建筑物区域内每 $100m^2$ 配备 2 只 10L 灭火器。

② 大型临时设施总面积超过 $1200m^2$，应配有专供消防用的太平桶、积水桶（池）、黄沙池，且周围不得堆放易燃物品。

③ 临时木工间、油漆间、木机具间等，每 $25m^2$ 配备一只灭火器。油库、危险品库应配备数量与种类合适的灭火器、高压水泵。

④ 应有足够的消防水源，其进水口一般不应小于两处。

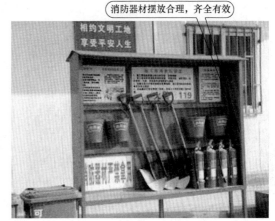

图 1.3-32 消防器材

⑤ 室外消火栓应沿消防车道或堆料场内交通道路的边缘设置，消火栓之间的距离不应大于 120m；消防箱内消防水管长度满足不小于 25m 的要求。

明火作业应履行动火审批手续，配备动火监护人员，见图 1.3-33。

为了保证现场防火安全，动火作业前必须履行动火审批程序，经监护和主管人员确认、同意，消防设施到位后，方可施工，在施工作业中，按规定要求配备有看火人，在发生火灾时确保能及时处理险情。见图 1.3-34。

图 1.3-33 必须办理动火证

图 1.3-34 看火人

看火人在动火施工中能帮助动火人清理作业面上不利于施工的杂物，可以及时发现并阻止动火人员违章作业，并作业结束后提醒、监督动火人在停机断电，确保整个施工过程不出现事故。

(4) 文明施工一般项目的检查评定应符合下列规定：

1) 综合治理

生活区内应设置供作业人员学习和娱乐的场所，方便作业人员提高业务水平和平时的业余生活，见图 1.3-35、图 1.3-36。

在实际施工中，一般项目都设置有农民工夜校，但是也只是按相关规范进行一些安全教育和考核用，并不能真正发挥学习专业知识的作用，这里面有很多客观因素，农民工工作一天，大都也没有强烈的要学习专业知识的愿望占了很大比重，这还有待在以后的管理和宣传中强化这一块的作用。

作业人员学习专业知识

图 1.3-35 认真学习

丰富的娱乐生活

图 1.3-36 文娱活动

在施工现场设置娱乐设施是一个很不错的方式，有利于丰富作业人员的业余生活，作业人员在一个良好的环境中工作和生活，对社会稳定、家庭幸福都能起到一定的促进作用，保证了规范中对文明施工的要求。

施工现场应建立治安保卫制度、责任分解落实到人；施工现场应制订治安防范措施，见图1.3-37。

项目经理是消防保卫工作责任人，对本工程项目现场的消防保卫工作全面负责。工程项目部指定安全经理/安全工程师/安全员具体负责消防保卫管理工作，监督检查施工总承包单位明确消防保卫工作具体责任人、落实消防保卫措施。

2）公示标牌

大门口处应设置公示标牌，主要内容应包括：工程概况牌、消防保卫牌、安全生产牌、文明施工牌、管理人员名单及监督电话牌、施工现场总平面图；标牌应规范、整齐、统一；施工现场应有安全标语；应有宣传栏、读报栏、黑板报，见图1.3-38。

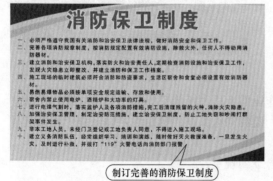
制订完善的消防保卫制度

图 1.3-37 消防保卫制度

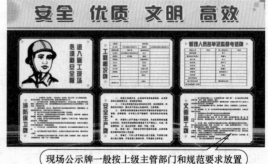
现场公示牌一般按上级主管部门和规范要求放置

图 1.3-38 施工现场公示牌

施工单位进驻现场，各种施工手续齐备，正式开工前，施工单位应当按规范要求，将公示牌设置在工地现场出入口明显位置。

3）生活设施

应建立卫生责任制度并落实到人；食堂与厕所、垃圾站、有毒有害场所等污染源的距离应符合规范要求；食堂必须有卫生许可证，炊事人员必须持身体健康证上岗，见图1.3-39。

工地食堂卫生在检查中需要注意的内容：

生、熟菜是否分开存放、蔬菜的采购标准和质量、食堂工作人员是否持健康证等合格证件上岗、在制作过程中是否将蔬菜清洗干净、用水是否符合卫生要求、用餐过后炊具是否清理到位等。

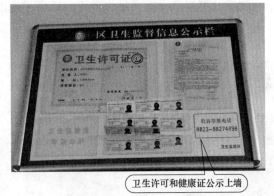

图1.3-39 食堂卫生许可

食堂使用的燃气罐应单独设置存放间，存放间应通风良好，并严禁存放其他物品，见图1.3-40、图1.3-41。

图1.3-40 燃气存放间

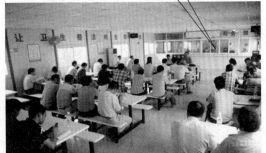

图1.3-41 工地食堂

施工现场食堂的清洁卫生必须符合要求，要由专人定期进行清理、消毒，桌椅摆放整齐，用餐后及时把垃圾清理出去，经常开窗通风，保持室内干燥，尤其在夏天，要有防止蚊蝇滋生的措施，保证作业人员用餐安全。

食堂与厕所、垃圾站等污染及有毒有害场所的间距必须大于15m，并应设置在上述场所的上风侧（地区主导风向）。厕所的蹲位和小便槽应满足现场人员数量的需求，高层建筑或作业面积大的场地应设置临时性厕所，并由专人及时进行清理，见图1.3-42。

施工现场厕所必须由专人进行打扫，定期消毒、冲洗，保持干净卫生。

4）生活设施

厕所内的设施数量和布局应符合规范要求；

厕所必须符合卫生要求；

必须保证现场人员卫生饮水；

应设置淋浴室，且能满足现场人员需求，见图 1-3-43；

现场的淋浴室应能满足作业人员的需求，淋浴室与人员的比例宜大于 1：20。

生活垃圾应装入密闭式容器内，并应及时清理。

图 1.3-42　厕所　　　　　　　　　图 1.3-43　施工现场淋浴室

现场应针对生活垃圾建立卫生责任制，使用合理、密封的容器，指定专人负责生活垃圾的清运工作。见图 1.3-44。

施工现场的生活垃圾，应按照国家有关规定进行分类收集、外运，一般按照可回收（包括纸张、塑料、玻璃、废金属、旧纺织衣物等）、不可回收（常见的有在自然条件下易分解的垃圾，如果皮、菜叶、剩菜剩饭、花草树枝树叶等）和有害垃圾（包括废电池、废日光灯管、废水银温度计、过期药品等），这些垃圾需要特殊安全处理。三种进行分类管理。

5）社区服务

夜间施工前，必须经批准后方可进行施工，见图 1.3-45。

图 1.3-44　垃圾分类处理　　　　　　图 1.3-45　夜间施工

夜间施工许可证一般由施工所在区县建设委员会根据国家相关法规批准，需要申请夜间施工许可证的工程一般包含以下内容：土木工程、建筑工程、线路管道工程、设备安装工程及 300m² 以上的装饰装修工程，一般建设项目的土方工程以及按照要求必须连续施工的工程等。

施工现场严禁焚烧各类废弃物。

施工现场应制订防粉尘、防噪声、防光污染等措施。

对员工休息区和工地周边住宅楼施工过程中，现场夜间照明应避开宿舍或住宅楼，如无法避开，应使用遮光罩，以保证夜间施工照明不直接射入宿舍或住宅楼而影响居民和作业人员的休息。

应制订施工不扰民措施，见图 1.3-46。

施工现场防扰民措施：

① 人为噪声控制

a. 提倡文明施工，建立健全控制人为噪声的管理制度，对施工人员进行文明施工教育，施工中和生活中不准大声喧哗、唱歌等，尽量减少人为噪声扰民。增强全体施工人员防噪声扰民的自觉意识。

b. 材料不准从车上扔，采用人扛卸车和起重机吊运，钢铁件堆放不发出大的声响。

c. 信号指挥吊车时用对讲机代替口哨。

图 1.3-46　禁止施工扰民

② 控制作业时间

严格控制作业时间，晚间作业不超过 22 时，早晨作业不早于 6 时，并根据季节的变化作相应的调整。特殊情况（确需连续或夜间作业的）即采取有效的降噪措施，事先做好周边群众工作，并报工地所在地区环保局备案后施工。

③ 强噪声机械的降噪措施

a. 选用低噪声或有消音降噪设备的施工机械，如降低混凝土振动器噪声（把高频改为低频）。对现场的搅拌机、电锯、电刨、砂轮机等设置封闭式的机械棚，以减少强噪声的扩散。

b. 降低钢模施工噪声，小钢模改为竹夹板以减少振动作业时冲击钢模产生噪声。

④ 加强施工现场的噪声监测，设专人监测、填写测量记录，凡超过《施工场界限值》标准时，及时对超标的有关因素进行调整，达到施工噪声不扰民。

6）绿色施工管理与技术措施

① 节电技术

宿舍区使用 24V 低压、节能灯照明及手机充电系统。

宿舍区限制电器使用、插卡取电和空调独立供电技术。

如条件允许，可以在施工现场安装空气源热泵设备。

办公区采用太阳能集热式供电及走道灯具声光控技术。

现场照明镝灯采用时钟控制装置。

见图 1.3-47～图 1.3-51。

图 1.3-47　宿舍 24V 电源及节能灯具

宿舍插卡取电及限电器控制箱　　　　　　宿舍区空调专线供电

图 1.3-48　宿舍限电、空调专线

空气源热泵原理：机组运行基本原理依据逆卡循环原理，液态物质首先在蒸发器内吸收空气中的热量而蒸发形成蒸汽（汽化），汽化潜热即为所回收热量，而后经压缩机压缩成高温高压气体，进入冷凝器内冷凝成液态（液化）把吸收的热量发给需要加热的水中，液态物质经膨胀阀降压膨胀后重新回到膨胀阀内，吸收热量蒸发而完成一个循环，如此往复，不断吸收低温源的热而输出所加热的水中，直接达到预定温度。

太阳能路灯是采用晶体硅太阳能电池供电，免维护阀控式密封蓄电池（胶体电池）储存电能，超高亮 LED 灯具作为光源，并由智能化充放电控制器控制，用于代替传统公用电力照明的路灯。

无需铺设线缆、无需交流供电、不产生电费；采用直流供电、光敏控制；具有稳定性好、寿命长、发光效率高，安装维护简便、安全性能高、节能环保、经济实用等优点。

镝灯时钟控制器节能技术是一种将时间控制器安装到电路上，用以统一定时开关，对现场施工用电的节约起到了非常重要的作用。其时钟控制开关能自动按照预先设置的时间程序接通或断开变压器负荷，实现定时供电，有效节约电能。

② 节水技术

出入口洗车池采用循环水系统，有效节约用水。

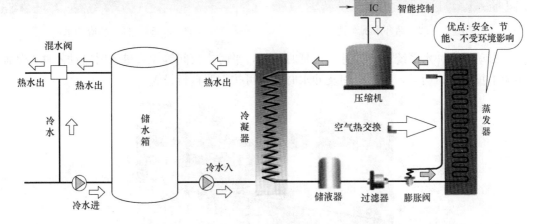

图 1.3-49　空气源热泵

图 1.3-50　太阳能路灯、声光控开关

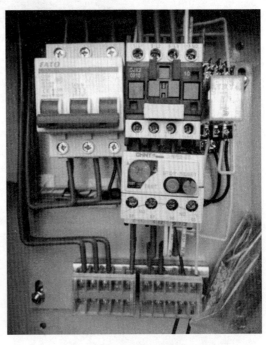

图 1.3-51　镝灯时钟控制器

卫生间采用自动感应冲水装置。

降尘方式采用自动喷雾系统，见图1.3-52～图1.3-54。

图1.3-52 循环水洗车池

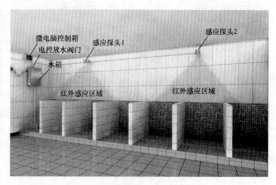

图1.3-53 自动感应冲水

自动感应冲水系统，有人进入，延时冲洗，平时、夜间等无人进入时自动停冲，从而避免了长流水，而且，延时时间及冲水时间均可按需要自行设置。

图1.3-54 自动喷雾系统

自动喷雾系统，可以替代原始的人工洒水车和水管直接喷水降尘，节省了人力，最大限度地节约了建设用水。

第 2 章 脚手架安全检查

2.1 扣件式钢管脚手架

（1）扣件式钢管脚手架检查评定应符合现行行业标准《建筑施工扣件式钢管脚手架安全技术规范》JGJ 130 的规定，见图 2.1-1。

（2）扣件式钢管脚手架检查评定保证项目应包括：施工方案、立杆基础、架体与建筑结构拉结、杆件间距与剪刀撑、脚手板与防护栏杆、交底与验收，见图 2.1-2。一般项目应包括：横向水平杆设置、杆件连接、层间防护、构配件材质、通道，见图 2.1-3。

图 2.1-1 落地架全景图

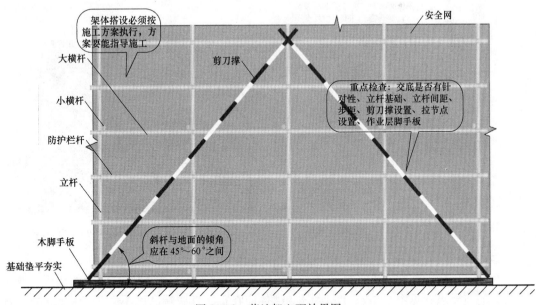

图 2.1-2 落地架立面效果图

（3）扣件式钢管脚手架保证项目的检查评定应符合下列规定：

1）施工方案

架体搭设应编制专项施工方案，结构设计应进行计算，并按规定进行审核、审批，见图 2.1-4。

图 2.1-3 横向水平杆设置　　　　图 2.1-4 搭设高度超过 24m 的落地架

当架体搭设超过规范允许高度时，应组织专家对专项施工方案进行论证，见图2.1-5、图 2.1-6。

图 2.1-5 搭设高度超过 50m 的落地架　　　　图 2.1-6 搭设高度超过 20m 的悬挑架

2）立杆基础

立杆基础应按方案要求平整、夯实，并应采取排水措施，立杆底部设置的垫板、底座应符合规范要求；见图 2.1-7、图 2.1-8，架体应在距立杆底端高度不大于 200mm 处设置纵、横向扫地杆，并应用直角扣件固定在立杆上，横向扫地杆应设置在纵向扫地杆的下方，见图 2.1-9。

当脚手架立杆基础不在同一高度时，必须将高处的纵向扫地杆向低处延长两跨与立杆固定，高低差不应大于1m，靠边坡上方的立杆轴线到边坡的距离不应小于500mm，见图 2.1-10。

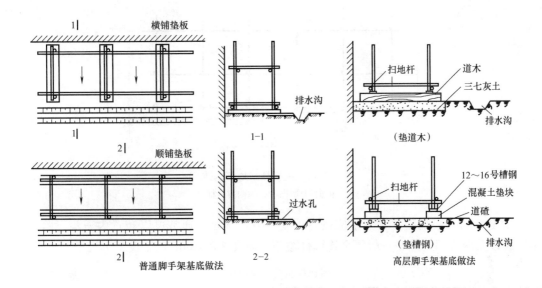

图 2.1-7　脚手架基底做法

图 2.1-8　脚手架基底做法实例

图 2.1-9　脚手架纵、横向扫地杆设置

脚手架基础施工常见问题：不设置排水措施，立杆底部不设支座、垫板。

3) 架体与建筑结构拉结

根据《建筑施工扣件式钢管脚手架安全技术规范》JGJ 130—2011 要求，脚手架连墙件应符合以下要求：

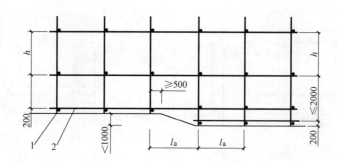

图 2.1-10 纵横杆扫地杆构造
1—横向扫地杆；2—纵向扫地杆

① 连墙件设置的位置、数量应按专项施工方案确定，通常可以布置为三步三跨、两步三跨以及两步两跨等，一般每个连墙件覆盖面积在 20~40m²，见表 2.1-1。

连墙件布置最大间距　　　　　　　表 2.1-1

搭设方法	高度(m)	竖向间距(h)	水平间距(l_a)	每根连墙件覆盖面积(m²)
双排落地	≤50	3	3	≤40
双排悬挑	>50	2	3	≤27
单排	≤24	3	3	≤40

注：h——步距；l_a——纵距。

② 连墙件的布置应靠近主节点设置，偏离主节点的距离不应大于 300mm；应从底层第一步纵向水平杆处开始设置，当该处设置有困难时，应采用其他可靠措施固定；应优先采用菱形布置，或采用方形、矩形布置。

③ 对高度在 24m 以下的单、双排脚手架，宜采用刚性连墙件与建筑物可靠连接，亦可采用拉筋和顶撑配合使用的附墙连接方式。严禁使用仅有拉筋的柔性连墙件，见图 2.1-11。高度 24m 以上的双排脚手架，必须采用刚性连墙件与建筑物可靠连接，见图 2.1-12~图 2.1-14。

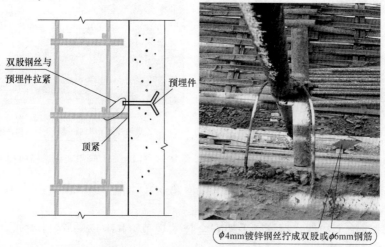

图 2.1-11　方式一：柔性拉结图

第 2 章　脚手架安全检查

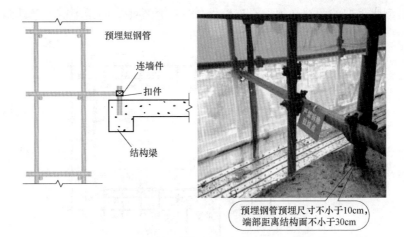

图 2.1-12　方式二：预埋钢管拉结图

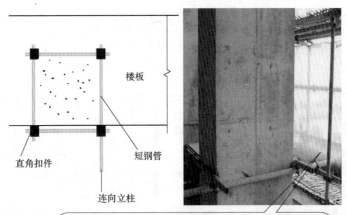

图 2.1-13　方式三：抱柱拉结图

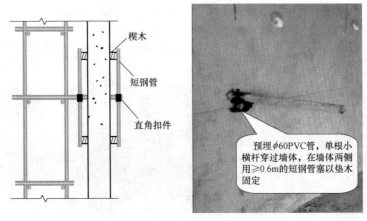

图 2.1-14　方式四：抱柱拉结图

④ 开口型脚手架的两端必须设置连墙件，连墙件的垂直间距不应大于建筑物的层高，并且不应大于4m。

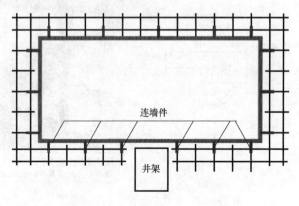

图 2.1-15　开口型脚手架示意图

⑤ 连墙件中的连墙杆应呈水平设置，当不能水平设置时，应向脚手架一端下斜连接，见图 2.1-16。

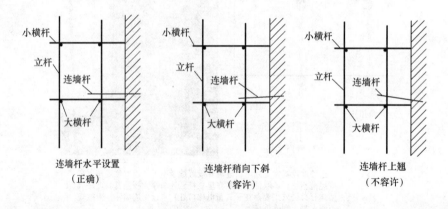

图 2.1-16　连墙杆构造

⑥ 当脚手架下部暂不能设连墙件时应采取防倾覆措施。当搭设抛撑时，抛撑应采用通长杆件，并用旋转扣件固定在脚手架上，与地面的倾角应在 45°～60°之间；连接点中心至主节点的距离不应大于 300mm，抛撑应在连墙件搭设后方可拆除，见图 2.1-17。

⑦ 架高超过 40m 且有风涡流作用时，应采用抗上升翻流作用的连墙措施。具体做法可在与连墙杆对应的外立杆处设置刚性斜拉杆与上层主体结构的预埋件连接或将连墙件的间距加密。

4）杆件间距与剪刀撑

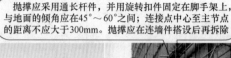

图 2.1-17　下部搭设抛撑图

架体立杆、纵向水平杆、横向水平杆间距应符合设计和规范要求。

纵向剪刀撑及横向斜撑的设置应符合规范要求。

剪刀撑杆件的接长、剪刀撑斜杆与架体杆件的固定应符合规范要求，见图 2.1-18～图 2.1-22。

每道剪刀撑跨越立杆的根数应按表 2.1-2 的规定确定。每道剪刀撑宽度不应小于 4 跨，且不应大于 6m，斜杆与地面的倾斜角宜 45°～60°。

剪刀撑跨越立杆的最多根数　　　　　　　　　　　表 2.1-2

剪刀撑斜杆与地面倾角	45°	50°	60°
剪刀撑跨越立杆的最多根数	7	6	5

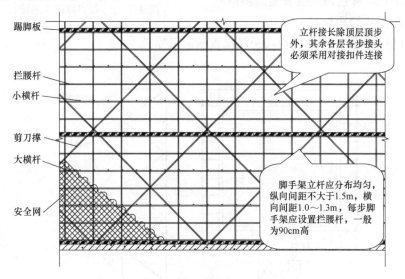

图 2.1-18　脚手架立面图

图 2.1-19　24m 以下脚手架剪刀撑设置

图 2.1-20　24m 以上脚手架剪刀撑设置

双排脚手架横向斜撑的设置应符合下列规定：

① 横向斜撑应在同一节间，由底至顶层呈之字形连续布置，斜撑宜采用旋转扣件固定在与之相交的横向水平杆的伸出端上，旋转扣件中心线至主节点的距离不宜大于 150mm。

② 高度在 24m 以下的封闭型双排脚手架可不设横向斜撑，高度在 24m 以上的封闭型脚手架，除拐角应设置横向斜撑外，中间应每隔 6 跨距设置一道。

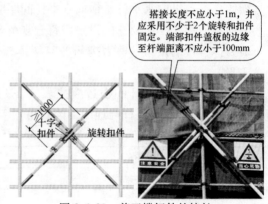

图 2.1-21　剪刀撑杆件的接长

③ 开口型双排脚手架的两端均必须设置横向斜撑。

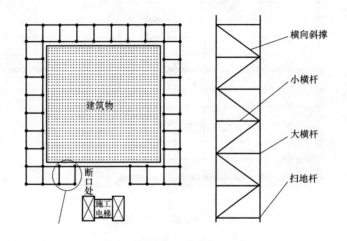

图 2.1-22　断口处横向斜撑搭设示意图

立杆施工常见问题：立杆底部不设支座、垫板，部分立杆悬空或支垫不稳；立杆垂直度不满足规范要求；立杆间距大小不一，影响外立面观感效果；立杆接长在同步或同跨内；立杆搭设未高出作业层一个步距。

剪刀撑和横向斜撑施工常见问题：24m 以上的双排脚手架未连续设置剪刀撑；剪刀撑未按规范要求与水平杆或立杆（主节点）固定；剪刀撑搭接长度不足；架体开口处（主要存在于人货电梯口处）未设置"之"字形斜撑。

5) 脚手板与防护栏杆

脚手板材质、规格应符合规范要求，铺板应严密、牢靠。

架体外侧应采用密目式安全网封闭，网间连接应严密。

作业层应按规范要求设置防护栏杆，见图 2.1-23。

作业层外侧应设置高度不小于 180mm 的挡脚板，见图 2.1-24。

脚手板的连接形式分为对接或搭接，具体做法如图 2.1-25 所示。脚手板铺设时严禁出现探头板，脚手板端头应用 $\phi1.2$mm 镀锌铁丝固定在小横杆上。

图 2.1-23 脚手架封闭示意图

图 2.1-24 脚手板与防护栏杆

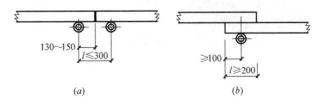

图 2.1-25 脚手板连接示意图
(a) 脚手板对接；(b) 脚手板搭接

6) 交底与验收

架体搭设前应进行安全技术交底，并应有文字记录。

当架体分段搭设、分段使用时，应进行分段验收。

搭设完毕应办理验收手续，验收应有量化内容并经责任人签字确认。如图 2.1-26、图 2.1-27 所示。

(4) 扣件式钢管脚手架一般项目的检查评定应符合下列规定

1) 横向水平杆设置

横向水平杆应设置在纵向水平杆与立杆相交的主节点处，两端应与纵向水平杆固定；作业层应按铺设脚手板的需要增加设置横向水平杆，见图 2.1-28。

图 2.1-26　脚手架现场验收　　　　图 2.1-27　外架验收合格牌

单排脚手架横向水平杆插入墙内不应小于 180mm，见图 2.1-29。

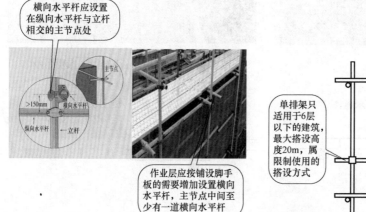
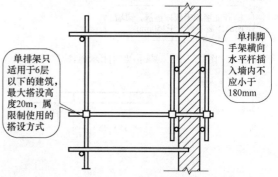

图 2.1-28　脚手架横向水平杆设置图　　　　图 2.1-29　单排脚手架

横向水平杆设置常见问题：设置数量不足或偏离主节点位置较大；小横杆长度参差不齐，外立面有长有短。

2）杆件连接

纵向水平杆杆件宜采用对接，若采用搭接，其搭接长度不应小于 1m，且固定应符合规范要求；立杆除顶层顶步外，不得采用搭接，见图 2.1-30、图 2.1-31。

扣件紧固力矩不应小于 40N·m，且不应大于 65N·m，见图 2.1-32。

立杆的最大间距不大于 1.8m，左右相邻的立杆接头应相互错开；大横杆的最大间距不大于 1.8m；上下相邻的大横杆接头应相互错开，见图 2.1-33。

3）层间防护

作业层脚手板下应采用安全平网兜底，以下每隔 10m 应采用安全平网封闭，作业层里排架体与建筑物之间应采用脚手板或安全平网封闭，见图 2.1-34～图 2.1-37。

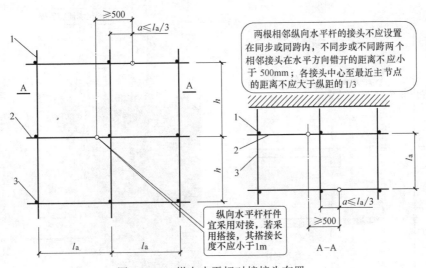

图 2.1-30 纵向水平杆对接接头布置
1—立杆；2—纵向水平杆；3—横向水平杆

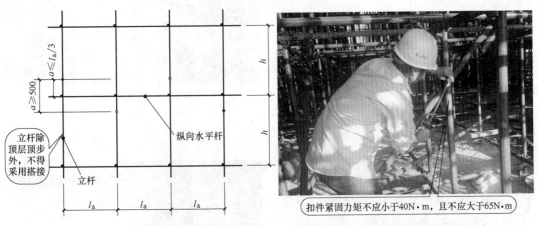

图 2.1-31 立杆对接接头布置　　图 2.1-32 扣件紧固力矩抽查

图 2.1-33 立杆接头应错开

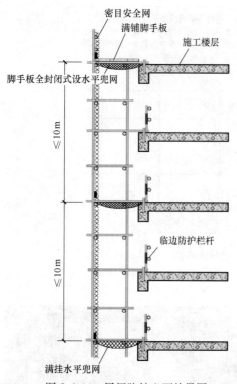

图 2.1-34 层间防护立面效果图

图 2.1-35 作业层硬质封闭 1

图 2.1-36 作业层硬质封闭 2

图 2.1-37 脚手架安全平网封闭

4) 构配件材质

钢管直径、壁厚、材质应符合规范要求；钢管弯曲、变形、锈蚀应在规范允许范围内；扣件应进行复试且技术性能符合规范要求，见图 2.1-38。

常用扣件的形式有三种：用于两根任意角度相交钢管连接的回转扣件；供两根垂直相交钢管连接的直角扣件；供两根对接钢管连接的对接扣件，见图 2.1-39。

底座一般采用厚 8mm、边长 150～200mm 的钢板作底板，上焊 150mm 高的钢管。底座有内插式和外套式，内插式的外径 D_1 比立杆内径小 2mm，外套式的内径 D_2 比立杆外径大 2mm，见图 2.1-40。

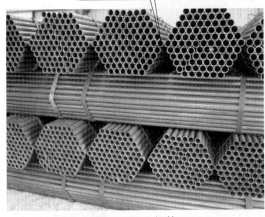

图 2.1-38 钢管

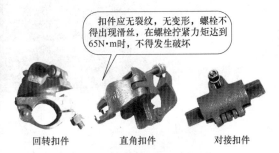

图 2.1-39 常用扣件的形式

5) 通道

架体应设置供人员上下的专用通道。

专用通道的设置应符合规范要求，见图 2.1-41、图 2.1-42。

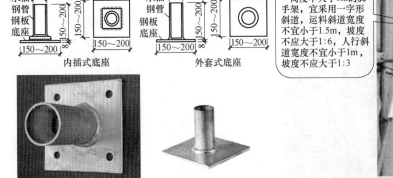

图 2.1-40 常见底座形式

图 2.1-41 一字形斜道

图 2.1-42 之字形斜道

（标注：高度大于6m的脚手架，宜采用之字形斜道，斜道两侧及平台外围均应设置栏杆及挡脚板。栏杆高度应为1.2m，挡脚板高度不应小于180mm）

（标注：斜道还应设置防滑条，防滑条厚度为20~30mm，间距不大于0.3m）

2.2 门式钢管脚手架

（1）门式钢管脚手架检查评定应符合现行行业标准《建筑施工门式钢管脚手架安全技术规范》JGJ 128 的规定，见图 2.2-1、图 2.2-2。

图 2.2-1 门式钢管脚手架全景图

图 2.2-2 门架实物图

（2）门式钢管脚手架检查评定保证项目应包括：施工方案、架体基础、架体稳定、杆件锁臂、脚手板、交底与验收。一般项目应包括：架体防护、构配件材质、荷载、通道，见图 2.2-3。

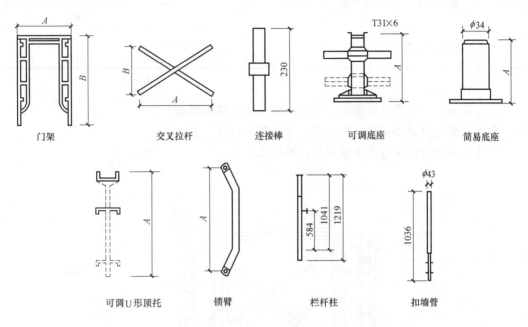

图 2.2-3　门形脚手架主要部件

（3）门式钢管脚手架保证项目的检查评定应符合下列规定：

1）施工方案

架体搭设应编制专项施工方案，结构设计应进行计算，并按规定进行审核、审批，见图 2.2-4。

当架体搭设超过规范允许高度（表 2.2-1）时，应组织专家对专项施工方案进行论证，见图 2.2-5。

图 2.2-4　门式钢管脚手架

图 2.2-5　门式钢管脚手架专家论证

门式钢管脚手架搭设允许高度表   表 2.2-1

序号	搭设方式	施工荷载$\sum Q_k$(kN/m²)	搭设高度(m)
1	落地、密目式安全网全封闭	≤3.0	≤55
2		>3.0且≤5.0	≤40
3	悬挑、密目式安全立网全封闭	≤3.0	≤24
4		>3.0且≤5.0	≤18

2) 架体基础

立杆基础应按方案要求平整、夯实，并应采取排水措施。

架体底部应设置垫板和立杆底座，并应符合规范要求。

架体扫地杆设置应符合规范要求，见图2.2-6。

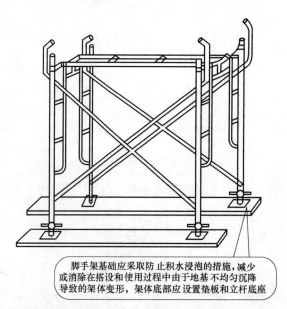

脚手架基础应采取防止积水浸泡的措施，减少或消除在搭设和使用过程中由于地基不均匀沉降导致的架体变形，架体底部应设置垫板和立杆底座

图 2.2-6　门式脚手架基础

3) 架体稳定

架体与建筑物结构拉结应符合规范要求，见图2.2-7。

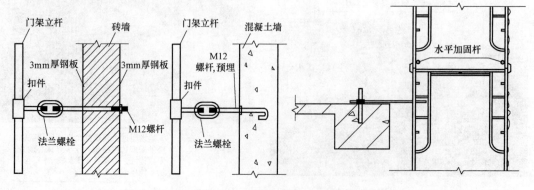

图 2.2-7　门架连墙件示意图

架体剪刀撑斜杆与地面夹角应在45°～60°之间，应采用旋转扣件与立杆固定，剪刀撑设置应符合规范要求。

门架立杆的垂直偏差应符合规范要求。

交叉支撑的设置应符合规范要求，见图2.2-8，图2.2-9。

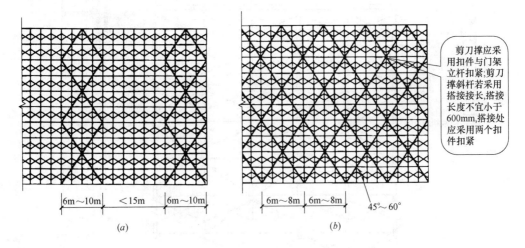

图2.2-8　剪刀撑设置示意图
（a）脚手架搭设高度≤24m时剪刀撑设置；（b）脚手架搭设高度＞24m时剪刀撑设置

图2.2-9　门式脚手架剪刀撑设置实景图（＞24m）

4）杆件锁臂

架体杆件、锁臂应按规范要求进行组装；

应按规范要求设置纵向水平加固杆；

架体使用的扣件规格应与连接杆件相匹配，见图2.2-10。

5）脚手板

脚手板材质、规格应符合规范要求；

脚手板应铺设严密、平整、牢固；挂扣式钢脚手板的挂扣必须完全挂扣在水平杆上，挂钩应处于锁住状态，见图2.2-11。

6）交底与验收

架体搭设前应进行安全技术交底，并应有文字记录；

当架体分段搭设、分段使用时，应进行分段验收；

搭设完毕应办理验收手续，验收应有量化内容并经责任人签字确认，见图 2.2-12。

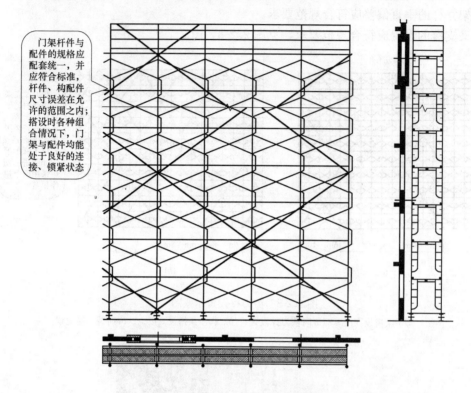

图 2.2-10　门式脚手架构造

门架杆件与配件的规格应配套统一，并应符合标准，杆件、构配件尺寸误差在允许的范围之内；搭设时各种组合情况下，门架与配件均能处于良好的连接、锁紧状态

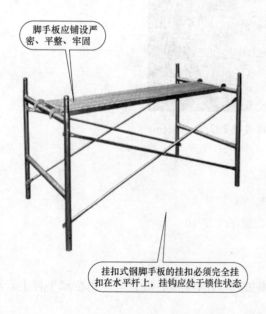

图 2.2-11　挂扣式钢脚手板

脚手板应铺设严密、平整、牢固

挂扣式钢脚手板的挂扣必须完全挂扣在水平杆上，挂钩应处于锁住状态

图 2.2-12　门式脚手架

脚手架在搭设前，施工负责人应按照方案结合现场作业条件进行细致的安全技术交底

高度在20m及20m以下的脚手架，应由单位工程负责人组织技术安全人员进行检查验收。高度大于20m的脚手架，应由上一级技术负责人随工程进行分阶段组织单位工程负责人及有关的技术人员进行检查验收

(4)门式钢管脚手架一般项目的检查评定应符合下列规定:
1)架体防护

作业层应按规范要求设置防护栏杆;

作业层外侧应设置高度不小于180mm的挡脚板;

架体外侧应采用密目式安全网进行封闭,网间连接应严密;

架体作业层脚手板下应采用安全平网兜底,以下每隔10m应采用安全平网封闭,见图2.2-13。

图 2.2-13 外立面密目式安全网封闭

2)构配件材质

门架不应有严重的弯曲、锈蚀和开焊;

门架及构配件的规格、型号、材质应符合规范要求。

3)荷载

架体上的施工荷载应符合设计和规范要求;

施工均布荷载、集中荷载应在设计允许范围内。

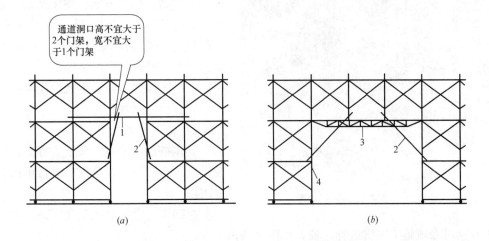

图 2.2-14 门式脚手架通道口加固示意图
(a)、(b) 通道口宽度为一个门架跨距、两个及以上门架跨距加固示意图
1—水平加固杆;2—斜撑杆;3—托架梁;4—加强杆

4）通道

架体应设置供人员上下的专用通道；

专用通道的设置应符合规范要求，见图 2.2-14、图 2.2-15。

作业人员上下脚手架的斜梯应采用挂扣式钢梯，并宜采用之字形式，一个梯段宜跨越两步或三步

图 2.2-15　门式脚手架斜梯

2.3　碗扣式钢管脚手架

（1）碗扣式钢管脚手架检查评定应符合现行行业标准《建筑施工碗扣式钢管脚手架安全技术规范》JGJ 166 的规定，见图 2.3-1。

图 2.3-1　碗扣式钢管脚手架

（2）碗扣式钢管脚手架检查评定保证项目应包括：施工方案、架体基础、架体稳定、杆件锁件、脚手板、交底与验收。一般项目应包括：架体防护、构配件材质、荷载、通道，见图 2.3-2。

（3）碗扣式钢管脚手架保证项目检查评定应符合下列规定

1）施工方案

架体搭设应编制专项施工方案，结构设计应进行计算，并按规定进行审核、审批国。

当架体搭设超过规范允许高度时，应组织专家对专项施工方案进行论证，见图 2.3-3。

2）架体基础

立杆基础应按方案要求平整、夯实，并应采取排水措施，立杆底部设置的垫板和底座应符合规范要求；架体纵横向扫地杆距立杆底端高度不应大于 350mm，见图 2.3-4。

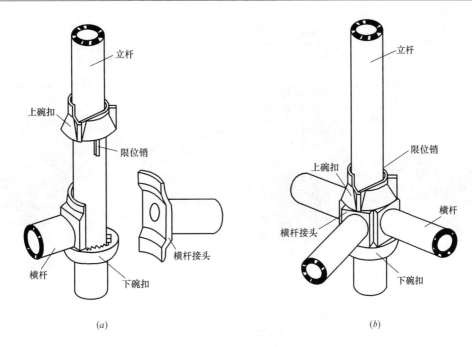

图 2.3-2 碗扣节点构成
(a) 连接前；(b) 连接后

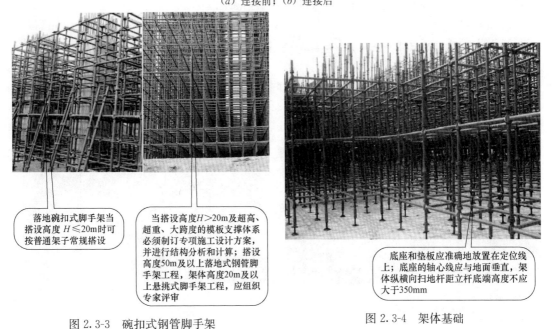

图 2.3-3 碗扣式钢管脚手架

图 2.3-4 架体基础

3) 架体稳定

架体与建筑结构拉结应符合规范要求，并应从架体底层第一步纵向水平杆处开始设置连墙件，当该处设置有困难时应采取其他可靠措施固定；架体拉结点应牢固可靠；连墙件应采用刚性杆件；架体竖向应沿高度方向连续设置专用斜杆或八字撑；专用斜杆两端应固定在纵横向水平杆的碗扣节点处；专用斜杆或八字形斜撑的设置角度应符合规范要求，见图 2.3-5、图 2.3-6。

图 2.3-5　碗扣脚手架设置八字杆　　　　　图 2.3-6　碗扣脚手架专用斜杆

4）杆件锁件

架体立杆间距、水平杆步距应符合设计和规范要求；

应按专项施工方案设计的步距在立杆连接碗扣节点处设置纵、横向水平杆；

当架体搭设高度超过 24 m 时，顶部 24m 以下的连墙件层应设置水平斜杆，并应符合规范要求；架体组装及碗扣紧固应符合规范要求，见图 2.3-7。

5）脚手板

脚手板材质、规格应符合规范要求；

脚手板应铺设严密、平整、牢固；

挂扣式钢脚手板的挂扣必须完全挂扣在水平杆上，挂钩应处于锁住状态，见图 2.3-8。

图 2.3-7　碗扣脚手架杆件锁件　　　　　图 2.3-8　挂扣式钢脚手板

6）交底与验收

架体搭设前应进行安全技术交底，并应有文字记录；

架体分段搭设、分段使用时，应进行分段验收；

搭设完毕应办理验收手续，验收应有量化内容并经责任人签字确认，见图 2.3-9。

（4）碗扣式钢管脚手架一般项目检查评定应符合下列规定：

1) 架体防护

架体外侧应采用密目式安全网进行封闭，网间连接应严密；

作业层应按规范要求设置防护栏杆；

作业层外侧应设置高度不小于180mm的挡脚板；

作业层脚手板下应采用安全平网兜底，以下每隔10m应采用安全平网封闭。

2) 构配件材质

架体构配件的规格、型号、材质应符合规范要求；

钢管不应有严重的弯曲、变形、锈蚀，见图2.3-10。

图2.3-9　碗扣式钢管脚手架交底与验收　　图2.3-10　被严重腐蚀的钢管

3) 荷载

架体上的施工荷载应符合设计和规范要求；

施工均布荷载、集中荷载应在设计允许范围内。

4) 通道

架体应设置供人员上下的专用通道；

专用通道的设置应符合规范要求，见图2.3-11。

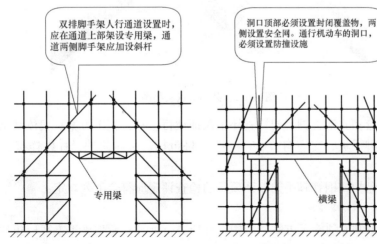

图2.3-11　碗扣式脚手架通道

2.4 承插型盘扣式钢管脚手架

(1) 承插型盘扣式钢管脚手架检查评定应符合现行行业标准《建筑施工承插型盘扣式钢管支架安全技术规范》JGJ 231 的规定，见图 2.4-1、图 2.4-2。

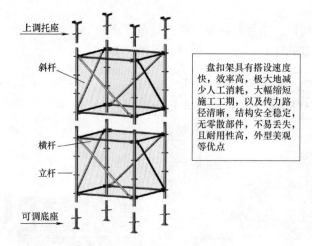

图 2.4-1 盘扣脚手架结构图

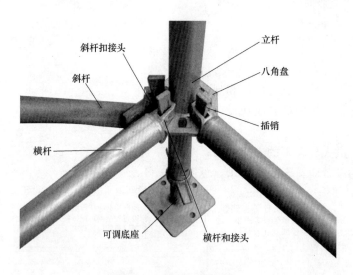

图 2.4-2 盘扣节点实物图

(2) 承插型盘扣式钢管脚手架检查评定保证项目包括：施工方案、架体基础、架体稳定、杆件设置、脚手板、交底与验收。一般项目包括：架体防护、杆件连接、构配件材质、通道。

(3) 承插型盘扣式钢管脚手架保证项目的检查评定应符合下列规定：
1) 施工方案

架体搭设应编制专项施工方案，结构设计应进行计算；专项施工方案应按规定进行审核、审批，见图 2.4-3。

承插型盘扣式钢管脚手架的搭设高度不宜大于 24m。

2）立杆基础

立杆基础应按方案要求平整、夯实，并应采取排水措施；土层地基上立杆底部必须设置垫板和可调底座，并应符合规范要求，见图 2.4-4。

架体纵、横向扫地杆设置应符合规范要求。

图 2.4-3 承插型盘扣式钢管脚手架

图 2.4-4 立杆基础做法实物图

当地基高差较大时，可利用立杆 0.5m 节点位差配合可调底座进行调整，使相邻立杆上安装同一根水平杆的连接盘在同一水平面，见图 2.4-5。

3）架体稳定

架体与建筑结构拉结应符合规范要求，并应从架体底层第一步水平杆处开始设置连墙件，当该处设置有困难时应采取其他可靠措施固定；架体拉结点应牢固可靠，见图 2.4-6。

连墙件应采用刚性杆件；

《建筑施工承插型盘扣式钢管支架安全技术规范》JGJ 231 规定：

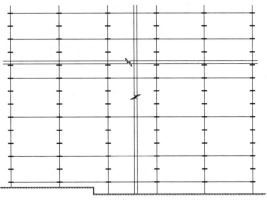

图 2.4-5 可调底座调整立杆连接盘示意图

① 连墙件必须采用可承受拉压荷载的刚性杆件，连墙件与脚手架立面及墙体应保持垂直，同一层连墙件宜在同一平面，水平间距不应大于 3 跨，与主体结构外侧面距离不宜大于 300mm。

② 连墙件应设置在有水平杆的盘扣节点旁，连接点至盘扣节点距离不应大于 300mm，采用钢管扣件作连墙杆时，连墙杆应采用直角扣件与立杆连接。

③ 当脚手架下部暂不能搭设连墙件时，宜外扩搭设多排脚手架并设置斜杆形成外侧斜面状附加梯形架，待上部连墙件搭设后方可拆除附加梯形架。

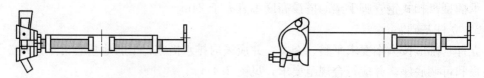

图 2.4-6 承插型盘扣架专用连墙件

架体竖向斜杆、剪刀撑的设置应符合规范要求；

《建筑施工承插型盘扣式钢管支架安全技术规范》JGJ 231 规定：

① 当搭设高度不超过 8m 的满堂模板支架时，支架架体四周外立面向内的第一跨每层均应设置竖向斜杆，架体整体底层以及顶层均应设置竖向斜杆，并应在架体内部区域每隔 5 跨由底至顶纵、横向均设置竖向斜杆或采用扣件钢管搭设的剪刀撑。当满堂模板支架的架体高度不超过 4 节段立杆时，可不设置顶层水平斜杆；当架体高度超过 4 节段立杆时，应设置顶层水平斜杆或扣件钢管水平剪刀撑，见图 2.4-7。

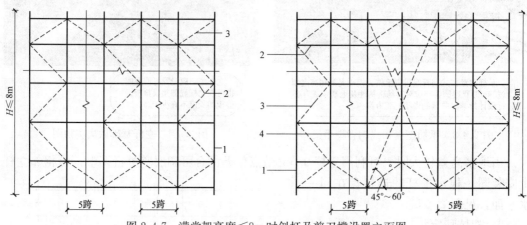

图 2.4-7 满堂架高度≤8m 时斜杆及剪刀撑设置立面图
1—立杆；2—水平杆；3—斜杆；4—大剪刀撑

② 当搭设高度超过 8m 的满堂模板支架时，竖向斜杆应满布设置，水平杆的步距不得大于 1.5m，沿高度每隔 4～6 个节段立杆应设置水平层斜杆或扣件钢管大剪刀撑，并应

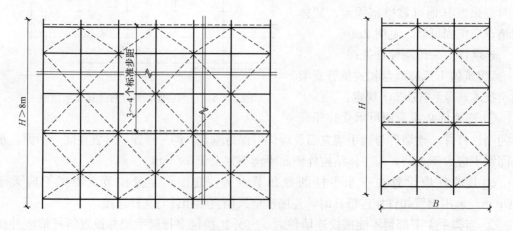

图 2.4-8 满堂架高度＞8m 时斜杆及剪刀撑设置立面图

与周边结构形成可靠拉结。对长条状的独立高支模架,架体总高度与架体的宽度之比 H/B 不应大于 3,见图 2.4-8。

竖向斜杆的两端应固定在纵、横向水平杆与立杆汇交的盘扣节点处,见图 2.4-9。

斜杆及剪刀撑应沿脚手架高度连续设置,角度应符合规范要求,见图 2.4-10。

图 2.4-9 建筑施工承插型盘扣式钢管支架实景图

图 2.4-10 斜杆沿脚手架高度连续设置

4)杆件设置

架体立杆间距、水平杆步距应符合设计和规范要求;

当双排脚手架的水平杆层未设挂扣式钢脚手板时,应按规范要求设置水平斜杆,见图 2.4-11、图 2.4-12。

图 2.4-11 建筑施工承插型盘扣式钢管支架实景图

图 2.4-12 盘扣节点实物图

5)脚手板

脚手板材质、规格应符合规范要求,见图 2.4-13。

脚手板应铺设严密、平整、牢固;

挂扣式钢脚手板的挂扣必须完全挂扣在水平杆上,挂钩应处于锁住状态,见图

2.4-14。

6) 交底与验收

同扣件式脚手架交底与验收。

① 架体搭设前应进行安全技术交底，并应有文字记录。

② 当架体分段搭设、分段使用时，应进行分段验收。

③ 搭设完毕应办理验收手续，验收应有量化内容并经责任人签字确认。

（4）承插型盘扣式钢管脚手架一般项目的检查评定应符合下列规定：

1) 架体防护

同门式脚手架架体防护。

架体外侧应采用密目式安全网进行封闭，网间连接应严密；作业层应按规范要求设置防护栏杆；作业层外侧应设置高度不小于180mm的挡脚板；作业层脚手板下应采用安全平网兜底，以下每隔10m应采用安全平网封闭。

图 2.4-13 挂扣式钢脚手板

2) 杆件连接

立杆的接长位置应符合规范要求，见图 2.4-15。

图 2.4-14 专用挂扣式脚手板与挡脚板设置　　图 2.4-15 承插型盘扣架立杆接长图

剪刀撑的接长应符合规范要求。见扣件式脚手架剪刀撑接长要求。

3) 构配件材质

同门式脚手架构配件材质要求。

架体构配件的规格、型号、材质应符合规范要求；钢管不应有严重的弯曲、变形、锈蚀，见图 2.4-16。

4）通道

架体应设置供人员上下的专用通道；专用通道的设置应符合规范要求，见图 2.4-17。

当模板支架体内设置人行通道时，应在通道上部架设支撑横梁，横梁截面大小应按跨度以及承受的荷载确定。通道两侧支撑梁的立杆间距应根据计算结果设置，通道周围的模板支架应连成整体。洞口顶部应铺设封闭的防护板，两侧应设置安全网。通行机动车的洞口，必须设置安全警示和防撞设施，见图 2.4-18。

图 2.4-16 盘扣件构配件图

图 2.4-17 专用通道

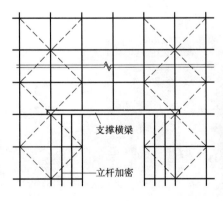

图 2.4-18 模板支架人行通道设置图

2.5 满堂脚手架

(1) 满堂脚手架检查评定应符合现行行业标准《建筑施工扣件式钢管脚手架安全技术规范》JGJ 130、《建筑施工门式钢管脚手架安全技术规范》JGJ 128、《建筑施工碗扣式钢管脚手架安全技术规范》JGJ 166 和《建筑施工承插型盘扣式钢管支架安全技术规范》JGJ 231 的规定,见图 2.5-1、图 2.5-2。

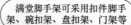
满堂脚手架可采用扣件脚手架、碗扣架、盘扣架、门架等

图 2.5-1 扣件式钢管脚手架　　　　图 2.5-2 碗扣式钢管脚手架

(2) 满堂脚手架检查评定保证项目应包括:施工方案、架体基础、架体稳定、杆件锁件、脚手板、交底与验收。一般项目应包括:架体防护、构配件材质、荷载、通道等。

(3) 满堂脚手架保证项目的检查评定应符合下列规定:

1) 施工方案

架体搭设应编制专项施工方案,结构设计应进行计算;

专项施工方案应按规定进行审核、审批,见图 2.5-3。

2) 架体基础

立杆基础应按方案要求平整、夯实,并应采取排水措施,见图 2.5-4、图 2.5-5。

架体底部应设置垫板和立杆底座,并应符合规范要求;

架体扫地杆设置应符合规范要求。

3) 架体稳定

架体四周与中部应按规范要求设置竖向剪刀撑或专用斜杆;

架体应按规范要求设置水平剪刀撑或水平斜杆;

搭设高度8m及以上,搭设跨度18m及以上,施工总荷载15kN/m²及以上,集中线荷载20kN/m及以上的混凝土模板支撑工程必须采取加强措施,专项方案必须经专家论证

图 2.5-3 满堂式脚手架实景图

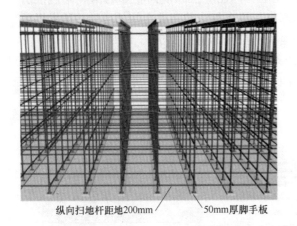

图 2.5-4 架体基础做法效果图

图 2.5-5 架体基础做法实物图

扣件式钢管满堂架剪刀撑构造要求

① 满堂模板和共享空间模板支架立柱，在立柱底距地面 200mm 高处，沿纵横向水平方向应按纵下横上的顺序设扫地杆，在每一步距处纵横向各设一道水平拉杆。在外侧周圈应设由下至上的竖向的连续式剪刀撑，中间在纵横向每隔 10m 左右设由下至上的竖向连续式剪刀撑，宽度宜为 4.5~6m，并在剪刀撑的顶部、扫地杆处设置水平剪刀撑。剪刀撑杆件的底端应与地面顶紧，夹角宜为 45°~60°，见图 2.5-6。

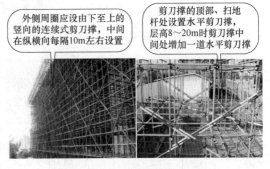

图 2.5-6 剪刀撑布置实物图

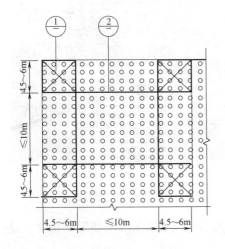

图 2.5-7 8m≤层高≤20m 平面布置图

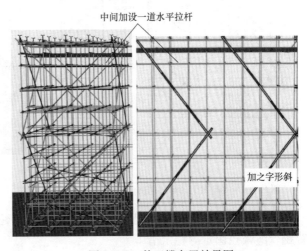

图 2.5-8 剪刀撑布置效果图

② 当层高在 8~20m 时，除应满足上条规定外，还应在纵横向相邻的两竖向连续剪刀撑之间增加之字斜撑，在有水平剪刀撑的部位，应在每个剪刀撑中间处增加一道水平剪刀撑。在最顶步距两水平拉杆中间应加设一道水平拉杆，见图 2.5-7、图 2.5-8。

③ 当建筑层高超过 20m 时，在满足上两条规定的基础上，应将所有之字斜撑全部改为连续式剪刀撑。在最顶两步距水平拉杆中间应分别增加一道水平拉杆。见图 2.5-9、图 2.5-10。

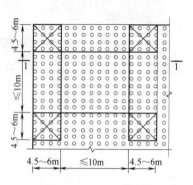

图 2.5-9　层高＞20m 平面布置图

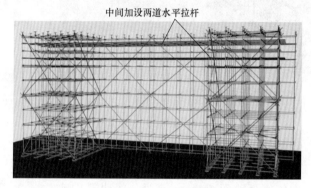

图 2.5-10　1-1 剖面图

碗扣式钢管满堂架剪刀撑构造要求：

① 当立柱间距小于或等于 1.5m 时，模板支撑架四周从底到顶连续设置竖向剪刀撑；中间纵、横向由底至顶连续设置竖向剪刀撑，其间距应小于或等于 4.5m。

② 剪刀撑的斜杆与地面夹角应在 45°~60°之间，斜杆应每步与立杆扣接。

③ 当模板支架高度大于 4.8m 时，顶端和底部必须设置水平剪刀撑，中间水平剪刀撑设置间距应小于或等于 4.8m，见图 2.5-11、图 2.5-12。

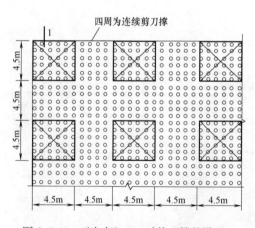

图 2.5-11　碗扣架≥8m 时剪刀撑的设置

图 2.5-12　剪刀撑设置效果图

当架体高宽比大于规范规定时应按规范要求与建筑结构拉结或采取增加架体宽度、设置钢丝绳张拉固定等稳定措施。

① 当扣件式钢管支架立柱高度超过 5m 时，应在立柱周圈外侧和中间有结构柱的部位，按水平间距 6~9m、竖向间距 2~3m 与建筑结构设置一个固结点；可采用抱柱的方

式（如连墙件），以提高整体稳定性和提高抵抗侧向变形的能力，见图 2.5-13。

② 搭设高度 2m 以上的支撑架体应设置作业人员登高措施。作业面须满铺脚手板，离墙面不得大于 200mm，不得有空隙和探头板、飞跳板。

③ 当搭设高度大于 10m 时，应按高处作业要求每隔 10m 加设一道安全平网。

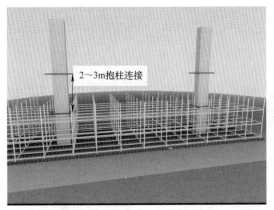

图 2.5-13 抱柱连接示意图

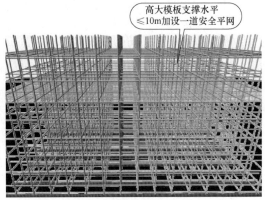

图 2.5-14 搭设高度大于 10m 时增加设一道安全平网

4) 杆件锁件

架体立杆件间距，水平杆步距应符合设计和规范要求，见图 2.5-15。

杆件的接长应符合规范要求；架体搭设应牢固，杆件节点应按规范要求进行紧固。

5) 脚手板

脚手板材质、规格应符合规范要求；

脚手板应铺设严密、平整、牢固；

挂扣式钢脚手板的挂扣必须完全挂扣在水平杆上，挂钩应处于锁住状态。

6) 交底与验收

架体搭设前应进行安全技术交底，并应有文字记录；

当架体分段搭设、分段使用时，应进行分段验收；

图 2.5-15 架体立杆设置图

搭设完毕应办理验收手续，验收应有量化内容并经责任人签字确认；

架体搭设前应进行安全技术交底，并应有文字记录；

当架体分段搭设、分段使用时，应进行分段验收。

(4) 满堂脚手架一般项目的检查评定应符合下列规定：

1) 架体防护

作业层应按规范要求设置防护栏杆；

作业层外侧应设置高度不小于 180mm 的挡脚板；

架体外侧应采用密目式安全网进行封闭，网间连接应严密；

架体作业层脚手板下应采用安全平网兜底，以下每隔10m应采用安全平网封闭。

2）构配件材质

架体构配件的规格、型号、材质应符合规范要求；

杆件的弯曲、变形和锈蚀应在规范允许范围内。

3）荷载

架体上的施工荷载应符合设计和规范要求；

施工均布荷载、集中荷载应在设计允许范围内。

4）通道

架体应设置供人员上下的专用通道；

专用通道的设置应符合规范要求。

2.6 悬挑式脚手架

（1）悬挑式脚手架检查评定应符合现行行业标准《建筑施工扣件式钢管脚手架安全技术规范》JGJ 130、《建筑施工门式钢管脚手架安全技术规范》JGJ 128、《建筑施工碗扣式钢管脚手架安全技术规范》JGJ 166和《建筑施工承插型盘扣式钢管支架安全技术规范》JGJ 231的规定，见图2.6-1。

（2）悬挑式脚手架检查评定保证项目应包括：施工方案、悬挑钢梁、架体稳定、脚手板、荷载、交底与验收。一般项目应包括：杆件间距、架体防护、层间防护、构配件材质。

（3）悬挑式脚手架保证项目的检查评定应符合下列规定：

1）施工方案

架体搭设应编制专项施工方案，结构设计应进行计算；

架体搭设超过规范允许高度，专项施工方案应按规定组织专家论证；

专项施工方案应按规定进行审核、审批，见图2.6-2。

图2.6-1 悬挑式脚手架全景图

图2.6-2 超过20m时悬挑式脚手架图

2）悬挑钢梁

钢梁截面尺寸应经设计计算确定，且截面形式应符合设计和规范要求；

钢梁锚固端长度不应小于悬挑长度的 1.25 倍，见图 2.6-3。

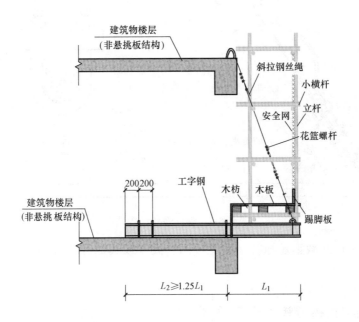

图 2.6-3 立面效果图

施工常见问题：悬挑工字钢锚固段长度不满足规范要求；固定端压环与型钢间隙未楔紧或预埋位置过于靠前或仅预埋一只压环；型钢前端与结构主受力点位置未设置垫板。

钢梁锚固处结构强度、锚固措施应符合设计和规范要求，见图 2.6-4。

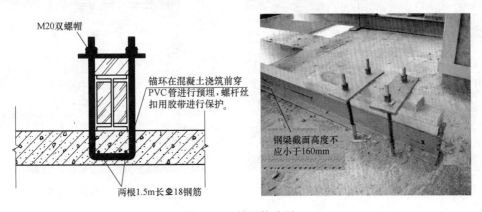

图 2.6-4 锚固构造图

钢梁外端应设置钢丝绳或钢拉杆与上层建筑结构拉结，见图 2.6-5。

钢梁截面尺寸应经设计计算确定，且截面形式应符合设计和规范要求，钢梁外端应设置钢丝绳或钢拉杆与上层建筑结构拉结，钢梁间距应按悬挑架体立杆纵距设置，见图 2.6-6。

施工常见问题：未按规范要求对每根悬挑钢梁采用钢丝绳卸载；卸载钢丝绳吊环直径

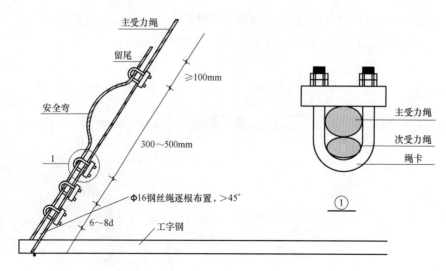

图 2.6-5 钢丝绳拉结构造图

不满足规范要求;卸载钢丝绳拉结在悬挑阳台梁(或其他悬挑构件)上;悬挑钢丝绳未拉紧。

3) 架体稳定

立杆底部应与钢梁连接柱固定,见图 2.6-7。

图 2.6-6 钢梁间距应按悬挑架体立杆纵距设置　　图 2.6-7 钢梁定位桩

承插式立杆接长应采用螺栓或销钉固定。

纵横向扫地杆的设置应符合规范要求,见图 2.6-8。

剪刀撑应沿悬挑架体高度连续设置,角度应为 45°~60°,见图 2.6-9。

架体应按规定设置横向斜撑,见图 2.6-10。

架体应采用刚性连墙件与建筑结构拉结,设置的位置、数量应符合设计和规范要求。

架体应采用刚性连墙件与建筑结构拉结,见图 2.6-11。

图 2.6-8 悬挑架纵横扫地杆设置　　　　图 2.6-9 悬挑间连续剪刀撑

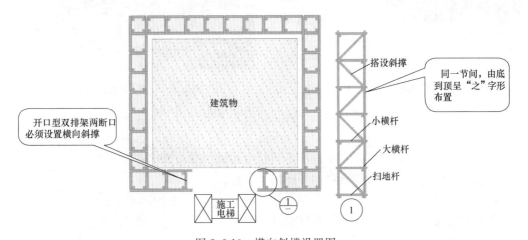

图 2.6-10 横向斜撑设置图

图 2.6-11 刚性连墙件　　　　图 2.6-12 脚手板设置图

4）脚手板

脚手板材质、规格应符合规范要求；

脚手板铺设应严密、牢固，探出横向水平杆长度不应大于150mm，见图2.6-12。

5）荷载

架体上施工荷载应均匀，并不应超过设计和规范要求。

6）交底与验收

架体搭设前应进行安全技术交底，并应有文字记录，见图2.6-13。

当架体分段搭设、分段使用时，应进行分段验收；

搭设完毕应办理验收手续，验收应有量化内容并经责任人签字确认，见图2.6-14。

图2.6-13　搭设前进行安全技术交底　　　　图2.6-14　脚手架验收合格牌

（4）悬挑式脚手架一般项目的检查评定应符合下列规定

1）杆件间距

立杆纵、横向间距、纵向水平杆步距应符合设计和规范要求；

作业层应按脚手板铺设的需要增加横向水平杆。

2）架体防护

作业层应按规范要求设置防护栏杆；

作业层外侧应设置高度不小于180mm的挡脚板；

图2.6-15　主要构配件

架体外侧应采用密目式安全网封闭，网间连接应严密。

3）构配件材质

型钢、钢管、构配件规格材质应符合规范要求，见图2.6-15。

型钢、钢管弯曲、变形、锈蚀应在规范允许范围内。

4）层间防护

架体作业层脚手板下应采用安全平网兜底，以下每隔10m应采用安全平网封闭；

作业层里排架体与建筑物之间应采用脚手板或安全平网封闭；

架体底层沿建筑结构边缘在悬挑钢梁与悬挑钢梁之间应采取措施封闭；架体底层应进行封闭，见图 2.6-16。

图 2.6-16　悬挑架底座封闭图

2.7　附着式升降脚手架

（1）附着式升降脚手架检查评定应符合现行行业标准《建筑施工工具式脚手架安全技术规范》JGJ 202 的规定。

（2）附着式升降脚手架检查评定保证项目包括：施工方案、安全装置、架体构造、附着支座、架体安装、架体升降。一般项目包括：检查验收、脚手板、架体防护、安全作业业等。

附着式升降脚手架又称爬架，搭设一定高度并附着于工程结构上，依靠自身的升降设备和装置，随工程施工逐层爬升或下降的外脚手架。它适用于建筑物立面简单、高度较高

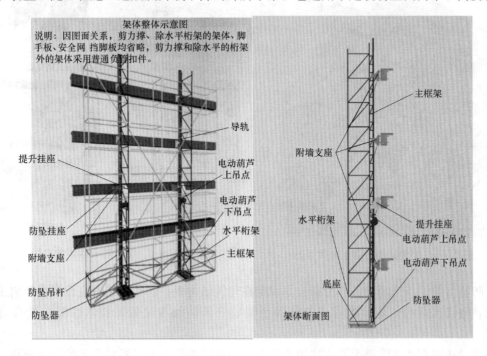

图 2.7-1　附着式脚手架的主要组成图

的情况。效率高，经济性好。

附着式升降脚手架其主要组成部分包括：竖向主框架和导轨、水平支承桁架、脚手架架体、附墙支座（吊点）提升装置、同步控制装置、防倾覆装置、防坠落装置，见图2.7-1。

附着式升降脚手架按支承方式主要分为：

1) 挑梁式附着式升降脚手架。以固定在结构上的挑梁为支点来提升支架。
2) 互爬式附着式升降脚手架。相邻两支架互为支点交错提升。
3) 套管式附着式升降脚手架。通过固定框和活动框的交替升降来带动支架升降。
4) 导轨式附着式升降脚手架。即架体沿附着于墙体结构的导轨升降的脚手架。

（3）附着式升降脚手架保证项目的检查评定应符合下列规定：

1) 施工方案

附着式升降脚手架搭设作业应编制专项施工方案，结构设计应进行计算；

专项施工方案应按规定进行审核、审批；

脚手架提升超过规定允许高度，应组织专家对专项施工方案进行论证，见图2.7-2。

2) 安全装置

附着式升降脚手架应安装防坠落装置，技术性能应符合规范要求，见图2.7-3。

图2.7-2 附着式提升脚手架实景图

转轮式防坠器　　摆针式防坠器

钢吊杆式防坠装置器

防坠顶杆

图2.7-3 常用防坠落装置类型

防坠落装置与升降设备应分别独立固定在建筑结构上；防坠落装置应设置在竖向主框架处，与建筑结构附着；附着式升降脚手架应安装防倾覆装置，技术性能应符合规范要求。

挑梁式附着式升降脚手架：属中心吊点，通过设置挑梁来承担脚手架的全部荷载，防坠器与防倾装置分离。用工字钢来作为防倾导轨。使用时，导轨应固定可靠，需拼接，安装的杆件较多，安全隐患点多，见图2.7-4。

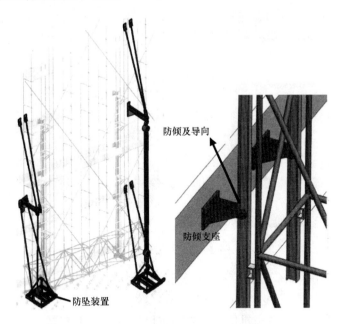

图2.7-4　挑梁式附着式升降脚手架防坠及防倾构造

导座式附着式升降脚手架：属偏心吊点，导座兼有防坠器、导向座功能，防倾导轨由钢管焊成格档式，也有用工字钢作为导轨的。每个机位设有2～3个导座，导向可靠性好，防坠器性能稳定，防倾导轨与架体等高，当遇到建筑立面不规则时，导座的安装不太方便，见图2.7-5。

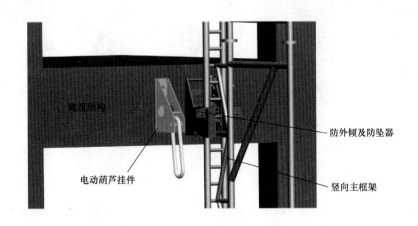

图2.7-5　导座式附着式升降脚手架防坠及防倾构造

升降和使用工况时，最上和最下两个防倾装置之间最小间距应符合规范要求，见图2.7-6。

附着式升降脚手架应安装同步控制装置，并应符合规范要求。

附着升降脚手架升降时，必须配备有限制荷载或水平高差的同步控制系统。连续式水

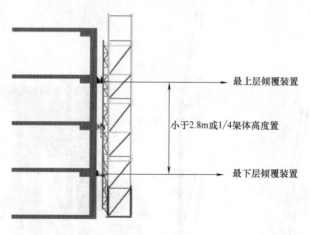

图 2.7-6 架体断面图

平支承桁架，应采用限制荷载自控系统；简支静定水平支承桁架，应采用水平高差同步自控系统；当设备受限时，可选择限制荷载自控系统。

① 限制荷载系统：当某一机位的荷载超过设计值15％时报警，超过30％时能自动停机，见图2.7-7。

② 水平高差同步自控系统：当水平支承桁架两端高差达到30mm时能自动停机，（应有显示各提升点的实际升高和超高的数据），见图2.7-8。

两种同步控制系统都应有记忆和储存功能。

图 2.7-7 限载预警装置　　　　　图 2.7-8 PC机控制系统

3）架体构造

架体高度不应大于5倍楼层高度，宽度不应大于1.2m；直线布置的架体支承跨度不应大于7m，折线、曲线布置的架体支撑点处的架体外侧距离不应大于5.4m；架体水平悬挑长度不应大于2m，且不应大于跨度的1/2；架体悬臂高度不应大于架体高度的2/5，且不应大于6m；架体高度与支承跨度的乘积不应大于110m^2，见图2.7-9。

4）附着支座

附着支座数量、间距应符合规范要求，见图2.7-10。

使用工况应将竖向主框架与附着支座固定；

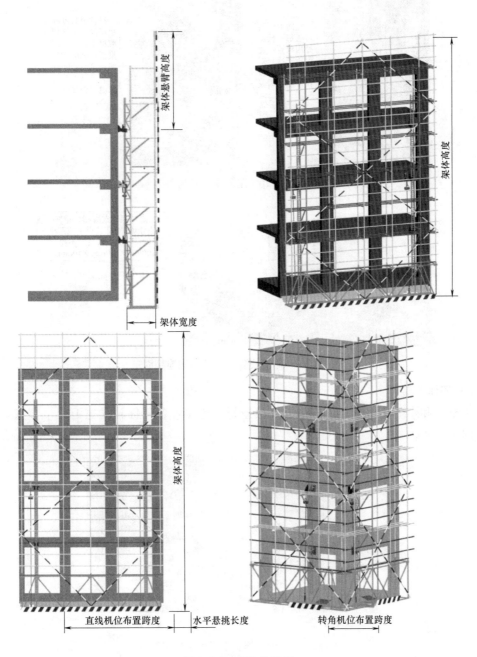

图 2.7-9 架体构造图

升降工况应将防倾、导向装置设置在附着支座上；

附着支座与建筑结构连接固定方式应符合规范要求，见图 2.7-11。

附着支承结构应采用锚固螺栓与建筑物连接，受拉螺栓的螺母不得少于二个或应采用弹簧垫片加单螺母，螺杆露出螺母端部的长度不应少于 3 扣，且不得小于 10mm，垫板尺寸应由设计确定，且不得小于 100mm×100mm×10mm。

图 2.7-10 附着支座实物图

图 2.7-11 附着支座与建筑结构连接固定

5）架体安装

主框架和水平支承桁架节点采用焊接或螺栓连接，各杆件轴线应汇交于节点，见图 2.7-12。

图 2.7-12 主框架和水平支承桁架节点

内外两片水平支承桁架上弦和下弦之间应设置水平支撑杆件，各节点应采用焊接或螺栓连接；架体立杆底端应设在水平桁架上弦杆的节点处。

竖向主框架组装高度应与架体高度相等；剪刀撑应沿架体高度连续设置，并应将竖向主框架、水平支承桁架和架体构架连成一体，剪刀撑斜杆水平夹角应为 45°～60°，见图 2.7-13。

6）架体升降

第 2 章　脚手架安全检查

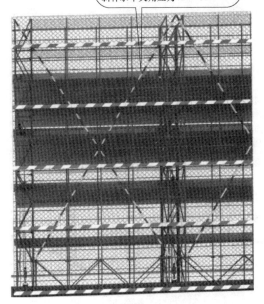

剪刀撑应沿架体高度连续设置，并应将竖向主框架、水平支承桁架和架体构架连成一体，剪刀撑斜杆水平夹角应为45°～60°

图 2.7-13　剪刀撑设置

电动葫芦　　　　　液压设备

图 2.7-14　升降设备

附着支承结构与工程结构连接处混凝土的强度应达到设计要求，且不得小于C10

两跨以上架体同时升降应采用电动或液压动力装置，不得采用手动装置

图 2.7-15　电动葫芦实景图

图 2.7-16　架体无物料、荷载

两跨以上架体同时升降应采用电动或液压动力装置，不得采用手动装置；升降工况附着支座处建筑结构混凝土强度应符合设计和规范要求，见图2.7-14、图2.7-15；升降工况架体上不得有施工荷载，严禁人员在架体上停留，见图2.7-16。

附着式升降脚手架保证项目检查评分表见表2.7-1。

附着式升降脚手架保证项目检查评分表　　　　表2.7-1

序号	检查项目		扣分标准	应得分数	扣减分数	实得分数
1	保证项目	施工方案	未编制专项施工方案或未进行设计计算，扣10分 专项施工方案未按规定审核、审批，扣10分 脚手架提升超过规定允许高度，专项施工方案未按规定组织专家论证，扣10分	10		
2		安全装置	未采用防坠落装置或技术性能不符合规范要求，扣10分 防坠落装置与升降设备未分别独立固定在建筑结构上，扣10分 防坠落装置未设置在竖向主框架处并与建筑结构附着，扣10分 未安装防倾覆装置或防倾覆装置不符合规范要求，扣5~10分 升降或使用工况，最上和最下两个防倾装置之间的最小间距不符合规范要求，扣10分 未安装同步控制装置或技术性能不符合规范要求，扣10分	10		
3		架体构造	架体高度大于5倍楼层高，扣10分 架体宽度大于1.2m，扣5分 直线布置的架体支承跨度大于7m或折线、曲线布置的架体支撑跨度的架体外侧距离大于5.4m，扣5分 架体的水平悬挑长度大于2m或大于跨度1/2，扣10分 架体悬臂高度大于架体高度2/5或大于6m，扣10分 架体全高与支撑跨度的乘积大于110m²，扣10分	10		
4		附着支座	未按竖向主框架所覆盖的每个楼层设置一道附着支座，扣10分 使用工况未将竖向主框架与附着支座固定，扣10分 升降工况未将防倾、导向装置设置在附着支座上，扣10分 附着支座与建筑结构连接固定方式不符合规范要求，扣10分	10		
5		架体安装	主框架及水平支承桁架的节点未采用焊接、焊栓连接或各杆件轴线未交汇于节点，扣10分 水平支承桁架的上弦及下弦之间设置的水平支撑杆件未采用焊接或螺栓连接，扣5分 架体立杆底端未设置在水平支承桁架上弦杆件节点处，扣10分 竖向主框架组装高度低于架体高度，扣5分 架体外立面设置的连续式剪刀撑未将竖向主框架、水平支承桁架和架体杆架连成一体，扣8分	10		
6		架体升降	两跨及以上架体升降采用手动升降设备，扣10分 升降工况附着支座与建筑结构连接处混凝土强度未达到设计和规范要求，扣10分 升降工况架体上有施工荷载或有人员停留，扣10分	10		
		小计		60		

(4) 附着式升降脚手架一般项目的检查评定应符合下列规定：

1) 检查验收

动力装置、主要结构配件进场应按规定进行验收，见图 2.7-17。

图 2.7-17　动力装置、主要结构配件合格证
（a）电动葫芦合格证；（b）同步设备合格证；
（c）防坠器合格证；（d）水平桁架、竖向主框架合格证

架体分区段安装、分区段使用时，应进行分区段验收；架体安装完毕应按规定进行整体验收，验收应有量化内容并经责任人签字确认。

架体每次升、降前应按规定进行检查，并应填写检查记录，见图 2.7-18。

图 2.7-18　每次使用前检查及申请表

2) 脚手板

脚手板应铺设严密、平整、牢固；

作业层里排架体与建筑物之间应采用脚手板或安全平网封闭；

脚手板材质、规格应符合规范要求，见图 2.7-19。

图 2.7-19　脚手板设置图

3) 架体防护

架体外侧应采用密目式安全网封闭，网间连接应严密；

作业层应按规范要求设置防护栏杆；

作业层外侧应设置高度不小于 180mm 的挡脚板，见图 2.7-20。

顶部作业层防护栏杆应高于作业面 1.5m 以上，见图 2.7-21。

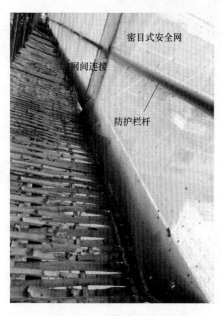

图 2.7-20　架体防护实物图

图 2.7-21　顶部作业层实景图

4) 安全作业

操作前应对有关技术人员和作业人员进行安全技术交底，并应有文字记录，见图 2.7-22。

图 2.7-22　升降前安全技术交底

作业人员应经培训并定岗作业；安装拆除单位资质应符合要求，特种作业人员应持证上岗。

架体安装、升降、拆除时应设置安全警戒区，并应设置专人监护；荷载分布应均匀，荷载最大值应在规范允许范围内。

每次升降前技术交底，每次升降前检查及申请表，每次使用前检查及申请表，升降申请表签字盖章。附着式升降脚手架一般项目检查评分表见表2.7-2。

附着式升降脚手架一般项目检查评分表　　　　　　　表2.7-2

序号	检查项目		扣分标准	应得分数	扣减分数	实得分数
7	一般项目	检查验收	主要构配件进场未进行验收，扣6分 分区段安装、分区段使用未进行分区段验收，扣8分 架体搭设完毕未办理验收手续，扣10分 验收内容未进行量化，或未经责任人签字确认，扣5分 架体提升前未有检查记录，扣6分 架体提升后，使用前未履行验收手续或资料不全，扣2～8分	10		
8		脚手板	脚手板未满铺或铺设不严、不牢，扣3～5分 作业层与建筑结构之间空隙封闭不严，扣3～5分 脚手板规格、材质不符合要求，扣5～10分	10		
		架体防护	脚手架外侧未采用密目式安全网封闭或网间连接不严，扣5～10分 作业层防护栏杆不符合规范要求，扣5分 作业层未设置高度不小于180mm的挡脚板，扣3分	10		
9 10		安全作业	操作前未向有关技术人员和作业人员进行安全技术交底或交底未有文字记录，扣5～10分 作业人员未经培训或未定岗定责，扣5～10分 安装拆除单位资质不符合要求或特种作业人员未持证上岗，扣5～10分 安装、升降、拆除时未设置安全警戒区及专人监护，扣10分，荷载不均匀或超载，扣5～10分	10		
		小计		40		
	检查项目合计			100		

2.8 高处作业吊篮

（1）高处作业吊篮检查评定应符合现行行业标准《建筑施工工具式脚手架安全技术规范》JGJ 202 的规定。

（2）高处作业吊篮检查评定保证项目应包括：施工方案、安全装置、悬挂机构、钢丝绳、安装作业、升降作业。一般项目应包括：交底与验收、安全防护、吊篮稳定、荷载等。

高处作业吊篮应由悬挑机构、吊篮平台、提升机构、防坠落机构、电气控制系统、钢丝绳和配套附件、连接件构成，见图2.8-1、图2.8-2。

（3）高处作业吊篮保证项目的检查评定应符合下列规定：

1）施工方案

吊篮安装作业应编制专项施工方案，吊篮支架支撑处的结构承载力应经过验算；专项施工方案应按规定进行审核、审批，见图2.8-3。

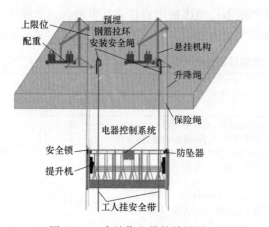

图 2.8-1 高处作业吊篮效果图

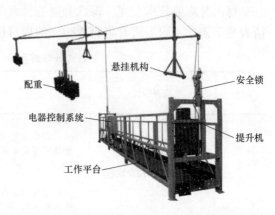

图 2.8-2 ZLP 系列高处作业吊篮实物图

2）安全装置

吊篮应安装防坠安全锁，并应灵敏有效；防坠安全锁不应超过标定期限，见图 2.8-4。

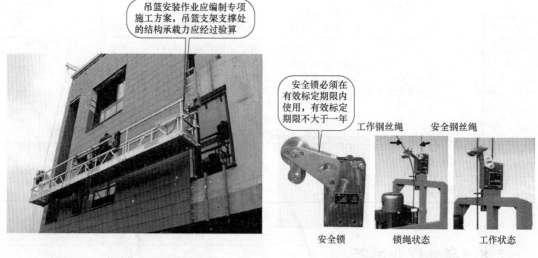

图 2.8-3 高处作业吊篮作业实景　　　图 2.8-4 安全锁

吊篮应设置为作业人员挂设安全带专用的安全绳和安全锁扣，安全绳应固定在建筑物可靠位置上，不得与吊篮上的任何部位连接，见图 2.8-5。

吊篮应安装上限位装置，并应保证限位装置灵敏可靠，见图 2.8-6。

3）悬挂机构

悬挂机构前支架不得支撑在女儿墙及建筑物外挑檐边缘等非承重结构上，见图 2.8-7。

悬挂机构前梁外伸长度应符合产品说明书规定。

前支架应与支撑面垂直，且脚轮不应受力；见图 2.8-8。

上支架应固定在前支架调节杆与悬挑梁连接的节点处。

严禁使用破损的配重块或其他替代物；配重块应固定可靠，重量应符合设计规定，见图 2.8-9。

图 2.8-5　上限位装置

图 2.8-6　吊篮作业个体防护

图 2.8-7　悬挂机构图

图 2.8-8　前支架应与支撑面垂直

图 2.8-9　配重件

4）钢丝绳

钢丝绳不应存断丝、断股、松股、锈蚀、硬弯及油污和附着物。

安全钢丝绳应单独设置，型号规格应与工作钢丝绳一致，见图2.8-10。

吊篮运行时安全钢丝绳应张紧悬垂，见图2.8-11、图2.8-12。

电焊作业时应对钢丝绳采取保护措施。

5）安装作业

吊篮平台的组装长度应符合产品说明书和规范要求，见图2.8-13、图2.8-14。

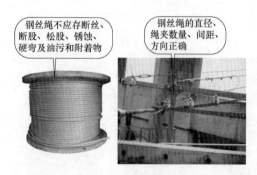

图2.8-10 钢丝绳

图2.8-11 工作钢丝绳和安全钢丝绳

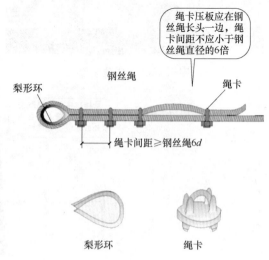

图2.8-12 钢丝绳绳卡安装设置

吊篮悬挂高度在60m及其以下的，宜选用长边不大于7.5m的吊篮平台；悬挂高度在100m及其以下的，宜选用长边不大于5.5m的吊篮平台；悬挂高度100m以上的，宜选用不大于2.5m的吊篮平台。

图2.8-13 前支架距离机构边缘大于200

图2.8-14 后支架固定

吊篮的构配件应为同一厂家的产品。

6）升降作业

必须由经过培训合格的人员操作吊篮升降；

吊篮内的作业人员不应超过2人；吊篮内作业人员应将安全带用安全锁扣正确挂置在独立设置的专用安全绳上；作业人员应从地面进出吊篮，见图2.8-15，图2.8-16。

高处作业吊篮保证项目检查评分表见表2.8-1。

图 2.8-15　吊篮施工作业图

图 2.8-16　安全绳绳设置要求

高处作业吊篮保证项目检查评分表　　　　表 2.8-1

序号	检查项目		扣分标准	应得分数	扣减分数	实得分数
1	保证项目	施工方案	未编制专项施工方案或未对吊篮支架支撑处结构的承载力进行验算，扣10分 专项施工方案未按规定审核、审批，扣10分	10		
2		安全装置	未安装防坠安全锁或安全锁失灵，扣10分 防坠安全锁超过标定期限仍在使用，扣10分 未设置挂设安全带专用安全绳及安全锁扣或安全绳未固定在建筑物可靠位置，扣10分 吊篮未安装上限位装置或限位装置失灵，扣10分	10		
3		悬挂机构	悬挂机构前支架支撑在建筑物女儿墙上或挑檐边缘，扣10分 前梁外伸长度不符合产品说明书规定，扣10分 前支架与支撑面不垂直或脚轮受力，扣10分 上支架未固定在前支架调节杆与悬挑梁连接的节点处，扣5分 使用破损的配重块或采用其他替代物，扣10分 配重块未固定或重量不符合设计规定，扣10分	10		
4		钢丝绳	钢丝绳有断丝、松股、硬弯、锈蚀或有油污附着物，扣10分 安全钢丝绳规格、型号与工作钢丝绳不相同或未独立悬挂，扣10分 安全钢丝绳不悬垂，扣10分 电焊作业时未对钢丝绳采取保护措施，扣5～10分	10		

续表

序号	检查项目		扣分标准	应得分数	扣减分数	获得分数
5	保证项目	安装作业	吊篮平台组装长度不符合产品说明书和规范要求,扣10分 吊篮组装的构配件不是同一生产厂家的产品,扣5~10分	10		
6		升降作业	操作升降人员未经培训合格,扣10分 吊篮内作业人员数量超过2人,扣10分 吊篮内作业人员未将安全带用安全锁扣挂置在独立设置的专用安全绳上,扣10分 作业人员未从地面进出吊篮,扣5分	10		

(4) 高处作业吊篮一般项目的检查评定应符合下列规定
1) 交底与验收
吊篮安装完毕,应按规范要求进行验收,验收表应由责任人签字确认;
班前、班后应按规定对吊篮进行检查;
吊篮安装、使用前对作业人员进行安全技术交底,并应有文字记录。
2) 安全防护
吊篮平台周边的防护栏杆、挡脚板的设置应符合规范要求;上下立体交叉作业时吊篮应设置顶部防护板,见图2.8-17。
3) 吊篮稳定
吊篮作业时应采取防止摆动的措施,见图2.8-18。
吊篮与作业面距离应在规定要求范围内。

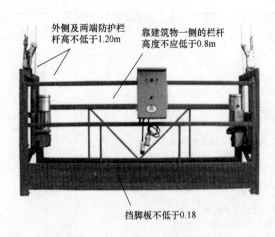

图2.8-17 平台防护的规定

图2.8-18 钢丝绳坠块

4) 荷载
吊篮施工荷载应符合设计要求;吊篮施工荷载应均匀分布。

高处作业吊篮一般项目检查评分表见表 2.8-2。

高处作业吊篮一般项目检查评分表 表 2.8-2

序号	检查项目		扣分标准	应得分数	扣减分数	实得分数
7	一般项目	交底与验收	未履行验收程序，验收表未经责任人签字确认，扣5～10分 验收内容未进行量化，扣5分 每天班前班后未进行检查，扣5分 吊篮安装使用前未进行交底或交底未留有文字记录，扣5～10分	10		
8		安全防护	吊篮平台周边的防护栏杆或挡脚板的设置不符合规范要求，扣5～10分 多层或立体交叉作业未设置防护顶板，扣8分	10		
9		吊篮稳定	吊篮作业未采取防摆动措施，扣5分 吊篮钢丝绳不垂直或吊篮距建筑物空隙过大，扣5分	10		
10		荷载	施工荷载超过设计规定，扣10分 荷载堆放不均匀，扣5分	10		
		小计		40		
	检查项目合计			100		

第3章 基坑工程、模板支架与高处作业

3.1 基坑工程

（1）基坑工程安全检查评定应符合现行国家标准《建筑基坑工程监测技术规范》GB 50497及现行行业标准《建筑基坑支护技术规程》JGJ 120和《建筑施工土石方工程安全技术规范》JGJ 180的规定。如图3.1-1、图3.1-2所示。

深基坑工程施工：

1）开挖深度超过5m（含5m）的基坑（槽）的土方开挖、支护、降水工程。

2）开挖深度虽未超过5m，但地质条件、周围环境和地下管线复杂，或影响毗邻建筑（构筑）物安全的基坑（槽）的土方开挖、支护、降水工程。

为保证基坑施工、主体地下结构的安全和周围环境不受损害而采取的支护结构、降水和土方开挖与回填，包括勘察、设计、施工、监测和检测等称为基坑工程

基坑工程的开挖需要根据实际情况采用不同方式，以保证工程本身和周边建筑的施工安全

图3.1-1 基坑施工

图3.1-2 基坑开挖

超过一定规模的危险性较大的分部分项工程专项方案应当由施工单位组织召开专家论证会，因基坑深度超过5m需要进行专家论证。

深基坑专家论证要点：

1）专项方案内容是否完整、可行；

2）专项方案计算书和验算依据是否符合有关标准规范；

3）安全施工的基本条件是否满足现场实际情况。

（2）基坑工程检查评定项目应包括：施工方案、基坑支护、降排水、基坑开挖、坑边荷载、安全防护。一般项目应包括：基坑监测、支撑拆除、作业环境、应急预案，如图3.1-3所示。

基坑分级：

一级：重要工程或支护结构做主体结构的一部分，开挖深度大于10m，与邻近建筑

物、重要设施的距离在开挖深度以内的基坑，基坑范围内有历史文物、近代优秀建筑、重要管线等需要严加保护的基坑。

二级：介于一级、三级基坑以外的基坑。

三级：开挖深度小于或等于 7m 且周围环境无特殊要求的基坑。

（3）基坑工程保证项目的检查评定应符合下列规定：

1）施工方案

基坑工程施工应编制专项施工方案，开挖深度超过 3m 或虽未超过 3m 但地质条件和周边环境复杂的基坑土方开挖、支护、降水工程，应单独编制专项施工方案；专项施工方案应按规定进行审核、审批；如图 3.1-4、图 3.1-5 所示。

图 3.1-3　基坑支护

图 3.1-4　基坑防水施工

图 3.1-5　专家论证

建筑工程实行施工总承包的，专项方案应当由施工总承包单位组织编制，其中，起重机械安装拆卸工程、深基坑工程、附着式升降脚手架等专业工程实行分包的，其专项方案可由专业承包单位组织编制。

专项方案应当由施工单位技术部门组织本单位施工技术、安全、质量等部门的专业技术人员进行审核，经审核合格的，由施工单位技术负责人签字。实行施工总承包的，专项方案应当由总承包单位技术负责人及相关专业承包单位技术负责人签字。

当基坑周边环境或施工条件发生变化时，专项施工方案应重新进行审核、审批。

专家组成员应当由 5 名以上符合相关专业要求的专家组成，本项目参建各方的人员不得以专家身份参加专家论证会。

2）基坑支护

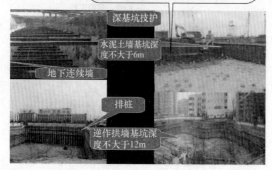

图 3.1-6　基坑支护形式

人工开挖的狭窄基槽，开挖深度较大并存在边坡塌方危险时，应采取支护措施。

地质条件良好、土质均匀且无地下水的自然放坡的坡率应符合规范要求。

基坑支护结构应符合设计要求。

基坑支护结构水平位移应在设计允许范围内。如图 3.1-6 所示。

基坑支护控制要点：

为保证施工质量安全，在施工前，要对施工方案的设计、专项施工方案的审定、施工单位的审核进行控制，在施工中要对周边环境、地下水位控制和支护的监测进行控制。

基坑支护的方式多种多样，灵活万变，需结合具体情况进行选择。具体采用哪一种方案应视基坑土质、地下水水位等因素而定，可以依据勘探部门提供的《勘探报告》做出结论。

排桩支护适用条件：基坑侧壁安全等级为一级、二级、三级；适用于采取降水和止水帷幕的深基坑，如图 3.1-7 所示。

排桩支护是指柱列式间隔布置钢筋混凝土挖孔、钻（冲）孔灌注桩作为主要挡土结构的一种支护形式。

柱列式间隔布置包括桩与桩之间有一定净距的疏排布置形式和桩与桩相切的密排布置形式。柱列式灌注桩作为挡土围护结构有很好的刚度，但各桩之间的联系差必须在桩顶浇注较大截面的钢筋混凝土帽梁加以可靠连接。

地下连续墙适用条件：基坑侧壁安全等级为一级、二级、三级；适用于周边环境复杂的深基坑，如图 3.1-8 所示。

图 3.1-7　排桩支护

一般地下连续墙可以定义为：利用各种挖槽机械，借助于泥浆的护壁作用，在地下挖出窄而深的沟槽，并在其内浇注适当的材料而形成一道具有防渗（水）、挡土和承重功能的连续地下墙体。

优点：

① 施工时振动小，噪声低，非常适于在城市施工。

② 墙体刚度大，用于基坑开挖时，可承受很大的土压力，极少发生地基沉降或塌方事故，已经成为深基坑支护工程中必不可少的挡土结构。

图 3.1-8　地下连续墙支护

地下连续墙适用于建造建筑物的地下室、地下商场、停车场、地下油库、挡土墙、高层建筑的深基础、逆作法施工围护结构，工业建筑的深池、坑、竖井等

③ 防渗性能好，由于墙体接头形式和施工方法的改进，使地下连续墙几乎不透水。

④ 可以贴近施工。由于具有上述几项优点，使我们可以紧贴原有建筑物建造地下连续墙。

⑤ 可用于逆作法施工。地下连续墙刚度大，易于设置埋设件，很适合于逆作法施工。

⑥ 适用于多种地基条件。地下连续墙对地基的适用范围很广，从软弱的冲积地层到中硬的地层、密实的砂砾层，各种软岩和硬岩等所有的地基都可以建造地下连续墙。

⑦ 可用作刚性基础。目前地下连续墙不再单纯作为防渗防水、深基坑围护墙，而且越来越多地用地下连续墙代替桩基础、沉井或沉箱基础，承受更大荷载。

⑧ 用地下连续墙作为土坝、尾矿坝和水闸等水工建筑物的垂直防渗结构，是非常安全和经济的。

⑨ 占地少，可以充分利用建筑红线以内有限的地面和空间，充分发挥投资效益。

⑩ 工效高、工期短、质量可靠、经济效益高。

缺点：

① 在一些特殊的地质条件下（如很软的淤泥质土，含漂石的冲积层和超硬岩石等），施工难度很大。

② 如果施工方法不当或施工地质条件特殊，可能出现相邻墙段不能对齐和漏水的问题。

③ 地下连续墙如果用作临时的挡土结构，比其他方法所用的费用要高些。

④ 在城市施工时，废泥浆的处理比较麻烦。

水泥土桩墙适用条件：基坑侧壁安全等级为二级、三级；水泥土桩墙施工范围内地基承载力不宜大于 150kPa；基坑深度不宜大于 6m。如图 3.1-9 所示。

水泥土桩墙，是深基坑支护的一种，指依靠其本身自重和刚度保护基坑土壁安全。一般不设支撑，特殊情况下经采取措施后可局部加设支撑。水泥土桩墙分深层搅拌水泥土桩墙和高压旋喷桩墙等类型，通常呈格构式布置。

逆作拱墙适用条件：基坑侧壁安全等级为三级；淤泥和淤泥质土不宜采用；拱墙轴线

的矢跨比不宜小于 1/8；基坑深度不宜大于 12m；地下水位高于基坑底面时应该采取降水或截水措施。如图 3.1-10 所示。

图 3.1-9　水泥土墙支护

图 3.1-10　逆作拱墙支护

逆作拱墙结构是将基坑开挖成圆形、椭圆形等弧形平面，并沿基坑侧壁分层逆作钢筋混凝土拱墙，利用拱的作用将垂直于墙体的土压力转化为拱墙内的切向力，以充分利用墙体混凝土的受压强度。

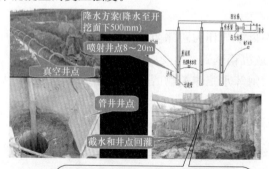

图 3.1-11　基坑降水

3）降排水

当基坑开挖深度范围内有地下水时，应采取有效的降排水措施。

基坑边沿周围地面应设排水沟；放坡开挖时，应对坡顶、坡面、坡脚采取降排水措施。

基坑底四周应按专项施工方案设排水沟和集水井，并应及时排除积水，如图 3.1-11 所示。

4）基坑开挖

基坑支护结构必须在达到设计要求的强度后，方可开挖下层土方，严禁提前开挖和超挖。

基坑开挖应按设计和施工方案的要求，分层、分段、均衡开挖。

基坑开挖应采取措施防止碰撞支护结构、工程桩或扰动基底原状土土层。

当采用机械在软土场地作业时，应采取铺设渣土或砂石等硬化措施，如图 3.1-12 所示。

除设计允许外，挖土机械和车辆不得直接在支撑上行走操作。

采用机械挖土方式时，严禁挖土机械碰撞支撑、立柱、井点管、围护墙和工程桩。

应尽量缩短基坑无支撑暴露时间，对一级、二级基坑，每一工况下挖至设计标高后，钢支撑的安装周期不宜超过一昼夜，钢筋混凝土支撑的完成时间不宜超过两昼夜。

采用机械挖土，坑底应保留 200～300mm 厚基土，用人工平整，并防止坑底土体扰动。

对面积较大的一级基坑，土方宜采用分块、分区对称开挖和分区安装支撑的施工方法，土方挖至设计标高后，立即浇筑垫层，如图 3.1-13 所示。

图 3.1-12 基坑开挖顺序

图 3.1-13 土方开挖方法

中心岛（墩）式挖土，宜用于大型基坑，支护结构的支撑形式为角撑、环梁式或边桁架式，中间具有较大的空间。

基坑开挖不深者，可用放边坡的办法，使土坡稳定，其坡度大小按有关施工规定确定。

盆式挖土是先开挖基坑中间部分的土方，周围四边预留反压土土坡，做法参照土方放坡工法，待中间位置土方开挖完成垫层封底后或者底板完成后具备周边土方开挖条件时，进行周边土坡开挖。

逆作法挖土是先沿建筑物地下室轴线或周围施工地下连续墙或其他支护结构，同时建筑物内部的有关位置浇筑或打下中间支承桩和柱，作为施工期间于底板封底之前承受上部结构自重和施工荷载的支撑。然后施工地面一层的梁板楼面结构，作为地下连续墙刚度很大的支撑，随后逐层向下开挖土方和浇筑各层地下结构，直至底板封底。

土方开挖控制要点：

① 专项方案要包括土方工程开挖，现场是否按认可的方案进行开挖。

② 基坑内的地下水要及时排除，保持基坑支护的稳定，预防滑坡造成塌方事故。

③ 土方开挖后要及时搭设基坑临边的防护。

④ 用挖土机械施工时，严格注意挖土机的作业范围内，不能有其他机械和工人作业；局部需要人工开挖时，两个人操作间距应保持 2～3m。

⑤ 开挖时要按要求搭设专用通道供工人上下，不允许踩踏土壁及其支撑上下基坑。

⑥ 基坑开挖过程中，要加强巡视，注意土壁或支护体系的变异情况。

⑦ 严格控制开挖程序，不允许单向开挖及超挖情况出现。

⑧ 夜间施工时，基坑要保持有足够的照明，采用 36V 以下安全电压，并在现场设置

安全生产警示标志。

5) 坑边荷载

基坑边堆置土、料具等荷载应在基坑支护设计允许范围内。

施工机械与基坑边沿的安全距离应符合设计要求，如图 3.1-14 所示。

如工程为自然放坡，则在坑深向外 45°角以外可堆放物料；如边坡采用支护结构，则按设计计算规定一般上部 2m 范围外都可堆放物料。

6) 安全防护

开挖深度超过 2m 及以上的基坑周边必须安装防护栏杆，防护栏杆的安装应符合规范要求；基坑内应设置供施工人员上下的专用梯道。梯道应设置扶手栏杆，梯道的宽度不应小于 1m，梯道搭设应符合规范要求；降水井口应设置防护盖板或围栏，并应设置明显的警示标志，如图 3.1-15 所示。

图 3.1-14 坑边荷载

图 3.1-15 基坑边安全防护

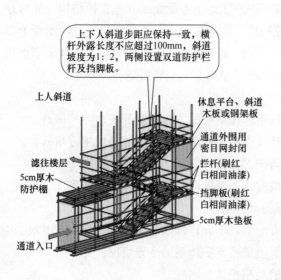

图 3.1-16 上人斜道搭设

传统的钢管栏杆工艺粗糙，稳定性差，材料用量大，成本高，目前临边防护推广使用的定型化栏杆，其设计先进合理、整体美观、使用简单方便、成本低、可重复利用且富于人性化。

上人斜道搭设要点如下（图 3.1-16）：

① 立杆

每根立杆底部应设置底座或垫板。立杆严禁混用，立杆下必须设置纵、横向扫地杆。纵向扫地杆采用直角扣件固定在距底座上皮不大于 200mm 处的立杆上。横向扫地杆采用直角扣件固定在紧靠纵向扫地杆下方的立杆上。

立杆接头若采用搭接连接时，搭接

长度不应小于 2.00m，至少采用不少于 3 个旋转扣件固定（最好用平扣在横杆上搭接），两个相邻立杆接头不能设在同步内，错开距离≥500mm，端部扣件盖板的边缘至杆端距离不小于 100mm。

立杆搭设时，地基承载力必须符合要求，所有立杆底端必须垫好 50mm 厚 200mm 宽通长木脚手板。立杆顶端高出顶层脚手板面不小于 1.50m。立杆的垂直偏差不应大于架高的 1/300 且≤80mm。

② 大横杆

大横杆布置在立杆内侧，与立杆交接处用直角扣件扣紧，不得遗漏。

③ 扫地杆

纵向扫地杆用直角扣件固定在距垫板上皮 300mm 处的立杆上。横向扫地杆用直角扣件紧靠纵向扫地杆固定在立杆上。

④ 小横杆

小横杆贴近立杆布置，搭于大横杆上并用直角扣件扣紧，其端头伸出扣件盖板边沿应大于 80mm，该杆轴线偏离主节点距离不大于 150mm。

⑤ 剪刀撑

外侧立面设剪刀撑，剪刀撑斜杆采用单杆，斜杆与水平面夹角为 45°～60°（连接 3 和 6 根立杆），底部斜杆的下端应置于垫板上。剪刀撑斜杆除两端用旋转扣件与立杆或大横杆扣紧外，在其中间应增加 2～4 个扣结点。

⑥ 拉结杆

地面上及斜坡上用 2m 钢管（$\phi48$）与马道拉结，靠近主节点设置（或直接将主节点处小横杆延长），一端与立杆用直角扣件锁牢，另一端用旋转扣件与钢管桩扣牢，并在拉结杆的杆端增加一个直角扣件确保抗滑力。

⑦ 脚手板

脚手板采用木跳板，厚度为 50mm，平铺设置在小横杆上，小横杆距脚手板端头距离为 130～150mm。马道面必须铺满铺稳脚手板，不得有空隙和探头板、飞跳板、脚手板。

⑧ 斜跑防滑条

人行斜道的脚手板上应每隔 200～300mm 设置一根防滑木条，木条厚度宜为 20～30mm。斜道必须经验收合格后方可使用。

⑨ 挡脚板

挡脚板采用木跳板，高度为 180mm，采用立放在马道两侧的脚手板上，挡脚板用 8# 铅丝与立杆绑扎牢固，不得松动。间隔 300mm 刷红白相间油漆。

⑩ 防护栏杆

斜坡道两侧设 0.75m 和 1.50m 防护栏杆，休息平台设 0.75m 和 1.5m 横杆做防护栏杆。刷红白相间油漆，立挂密目安全网。

⑪ 安全网

马道的四周外立面必须满挂密目安全网。

基坑工程保证项目检查评分表见表 3.1-1。

基坑工程保证项目检查评分表　　　　　表 3.1-1

序号	检查项目		扣分标准	应得分数	扣减分数	实得分数
1	保证项目	施工方案	基坑工程未编制专项施工方案，扣 10 分 专项施工方案未按规定审核、审批，扣 10 分 超过一定规模条件的基坑工程专项施工方案未按规定组织专家论证，扣 10 分 基坑周边环境或施工条件发生变化，专项施工方案未重新进行审核、审批，扣 10 分	10		
2		基坑支护	人工开挖的狭窄基槽，开挖深度较大或存在边坡塌方危险未采取支护措施，扣 10 分 自然放坡的坡率不符合专项施工方案和规范要求，扣 10 分 基坑支护结构不符合设计要求，扣 10 分 支护结构水平位移达到设计报警值未采取有效控制措施，扣 10 分	10		
3		降排水	基坑开挖深度范围内有地下水未采取有效的降排水措施，扣 10 分 基坑边沿周围地面未设排水沟或排水沟设置不符合规范要求，扣 5 分 放坡开挖对坡顶、坡面、坡脚未采取降排水措施，扣 5~10 分 基坑底四周未设排水沟和集水井或排除积水不及时，扣 5~8 分	10		
4		基坑开挖	支护结构未达到设计要求的强度提前开挖下层土方，扣 10 分 未按设计和施工方案的要求分层、分段开挖或开挖不均衡，扣 10 分 基坑开挖过程中未采取防止碰撞支护结构或工程桩的有效措施，扣 10 分 机械在软土场地作业，未采取铺设渣土、砂石等硬化措施，扣 10 分	10		
5		坑边荷载	基坑边堆置土、料具等荷载超过基坑支护设计允许要求，扣 10 分 施工机械与基坑边沿的安全距离不符合设计要求，扣 10 分	10		
6		安全防护	开挖深度 2m 及以上的基坑周边未按规范要求设置防护栏杆或栏杆设置不符合规范要求，扣 5~10 分 基坑内未设置供施工人员上下的专用梯道或梯道设置不符合规范要求，扣 5~10 分 降水井口未设置防护盖板或围栏，扣 10 分	10		
		小计		60		

（4）基坑工程一般项目的检查评定应符合下列规定：

1）基坑监测

基坑开挖前应编制监测方案，并应明确监测项目、监测报警值、监测方法和监测点的布置、监测周期等内容。

监测的时间间隔应根据施工进度确定。当监测结果变化速率较大时，应加密观测次数。

基坑开挖监测工程中，应根据设计要求提交阶段性监测报告，如图 3.1-17、图 3.1-18 所示。

一级基坑监测内容包括：

① 变形，其中包括：支护圈梁或围檩（冠梁）水平位移、沉降、立柱变形、邻近房屋沉降、倾斜、基坑周围地表沉降、地下管线沉降与水平位移。

② 围护结构深层水平位移。

③ 内力，其中包括：支护结构板墙内力、支护结构圈梁或围檩（冠梁）内力、锚杆应力和轴力、支撑轴力。

④ 水位，其中包括：坑外地下水位、坑内地下水位、基坑渗漏水状况。

⑤ 水土压力，其中包括：支护结构（板墙）土压力、孔隙水压力。

图 3.1-17 基坑监测

⑥ 裂缝，其中包括：临近房屋裂缝、基坑周转地表裂缝、地面超载状况。

⑦ 基坑底部回弹和隆起。

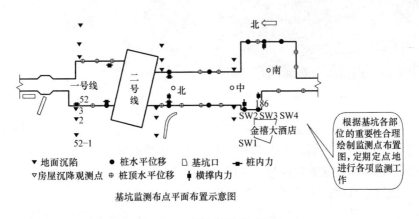

图 3.1-18 基坑监测平面布置

根据基坑的围护形式，基坑开挖深度以及周边环境等，基坑监测涉及以下几个方面：

① 深层土体水平位移监测：在土钉墙范围内沿土体深度设置水平位移监测点，对基坑开挖过程中土体深度各点的水平位移进行观测。

② 围护桩水平位移 围护桩的水平位移通过预埋于围护桩中的测斜孔进行。

③ 支撑体系内力监测：在主要受力支撑主筋上埋设钢筋应力计，观测基坑开挖过程中支撑的内力变化。

④ 地下水位监测：地下水位监测的测孔用有滤水孔的塑料护垫，在基坑内外共同布置。

⑤ 基坑邻近建筑物、立柱及市政设施沉降观测。

基坑开挖前，应对地下水位、土质结构等项目进行勘察，以确定具体施工方法。

基坑支撑结构的拆除方式、拆除顺序应符合专项施工方案的要求。

当采用机械拆除时，施工荷载应小于支撑结构承载能力。

人工拆除时，应按规定设置防护设施，如图3.1-19、图3.1-20所示。

人工拆除基坑支护时，拆除施工前设置位移控制线，拆除施工过程中加强日常监测，发现位移问题立即上报并停止施工。凿除时应从上向下分批凿除，钢筋严禁割断，只有在钢筋表面基本没有混凝土块后再割断钢筋，运出施工现场。

支撑凿除作业时要有专人负责指挥，并设立警戒线，确保施工安全进行。在凿除过程中，严禁站在已经割断梁主筋的支撑梁上进行凿除。

施工过程中，采用性能良好的施工机械，减少噪声对周边环境的影响，同时采取洒水防尘措施。

图3.1-19 基坑支撑拆除

图3.1-20 基坑支撑静力拆除

静力破碎：静力破碎是在需要拆除的构件上打孔，装入胀裂剂，待胀裂剂发挥作用后将混凝土胀开，再使用风镐或人工剔凿的方法剥离胀裂的混凝土。拆除前必须用水钻、墙锯等切割机具将所需拆除的构件与需要保留的构件分隔开。

优点：温度适宜时拆除速度快、造价低。

缺点：由于爆破药受温度影响大，在比较冷的天气，爆破药反应速度慢，拆除效果不理想，对于拆除比较薄的构件效果不理想。

适用性：适合拆除厚度大于300mm的构件。

当采用爆破拆除、静力破碎等拆除方式时，必须符合国家现行相关规范的要求。

2）作业环境

基坑内土方机械、施工人员的安全距离应符合规范要求，如图3.1-21所示。

为保证施工安全，开工前要做好各级安全交底工作，根据工程施工机械特点，制订相应的开挖方法和安全措施，组织职工贯彻落实，挖掘机作业区内应无人和障碍物，在施工中各机械要保持一定的安全距离。

施工机械沿挖方边缘移动时，距离边坡上缘的宽度不得小于基坑深度的 1/2。停止作业时应保持水平位置，并将行走机制动。

挖土时，应有施工人员、安全员现场指挥，确保施工安全，在基坑周边设置好防护栏杆进行保护。

图 3.1-21 机械开挖土方

上下垂直作业应按规定采取有效的防护措施。

在电力、通信、燃气、上下水等管线 2m 范围内挖土时，应采取安全保护措施，并应设专人监护，如图 3.1-22 所示。

施工作业区域应采光良好，当光线较弱时应设置有足够照度的光源，如图 3.1-23 所示。

图 3.1-22 开挖防护管线

图 3.1-23 夜间施工照明

夜间施工机械应有足够的照明，在深坑、陡坡等危险地段应增设红灯标志，以防发生伤亡事故。施工现场应有专职安全员现场巡视，随时注意机械间的安全距离，保证不在施工中发生碰撞，在开挖过程中，应随时检查边坡的状态，如发生土方坍塌，及时停止施工作业，待险情排除，再重新开始施工作业。

3）应急预案

基坑工程应按规范要求结合工程施工过程中可能出现的支护变形、漏水等影响基坑工程安全的不利因素制订应急预案。

应急组织机构应健全，应急的物资、材料、工具、机具等品种、规格、数量应满足应急的需要,并应符合应急预案的要求。

应急预案是针对可能发生的重大事故及其影响和后果的严重程度,为应急准备和应急响应的各个方面所预先做出的详细安排,是开展及时、有序和有效事故应急救援工作的行动指南。事故应急预案在应急系统中起着关键作用,它明确了在突发事故发生之前、发生过程中以及刚刚结束之后,谁负责做什么、何时做,以及相应的策略和资源准备等。塌方应急救援见图3.1-24。

图 3.1-24 塌方应急救援

应急组织机构应健全,应急的物资、材料、工具、机具等品种、规格、数量应满足应急的需要。基坑工程一般项目检查评分表见表3.1-2。

基坑工程一般项目检查评分表　　　　表 3.1-2

序号	检查项目		扣分标准	应得分数	扣减分数	实得分数
7	一般项目	基坑监测	未按要求进行基坑工程监测,扣10分 基坑监测项目不符合设计和规范要求,扣5~10分 监测的时间间隔不符合监测方案要求或监测结果变化速率较大未加密观测次数,扣5~8分 未按设计要求提交监测报告或监测报告内容不完整,扣5~8分	10		
8		支撑拆除	基坑支撑结构的拆除方式、拆除顺序不符合专项施工方案要求,扣5~10分 机械拆除作业时,施工荷载大于支撑结构承载能力,扣10分 人工拆除作业时,未按规定设置防护设施,扣8分 采用非常规拆除方式不符合国家现行相关规范要求,扣10分	10		
9		作业环境	基坑内土方机械、施工人员的安全距离不符合规范要求,扣10分 上下垂直作业未采取防护措施,扣5分 在各种管线范围内挖土作业未设专人监护,扣5分 作业区光线不良扣5分	10		
10		应急预案	未按要求编制基坑工程应急预案或应急预案内容不完整,扣5~10分 应急组织机构不健全或应急物资、材料、工具机具储备不符合应急预案要求,扣2~6分	10		
		小计		40		
检查项目合计				100		

3.2 模板支架

(1) 模板支架安全检查评定应符合现行行业标准《建筑施工模板安全技术规范》JGJ 162、《建筑施工扣件式钢管脚手架安全技术规范》JGJ 130、《建筑施工门式钢管脚手架安全技术规范》JGJ 128、《建筑施工碗扣式钢管脚手架安全技术规范》JGJ 166 和《建筑施工承插型盘扣式钢管支架安全技术规范》JGJ 231 的规定，如图 3.2-1 所示。

（2）模板支架保证项目检查评定应包括：施工方案、支架基础、支架构造、支架稳定、施工荷载、交底与验收。一般项目应包括：杆件连接、底座与托撑、构配件材质、支架拆除。如图 3.2-2～图 3.2-4 所示。

图 3.2-1　模板支架　　　　　　　　图 3.2-2　模板支架安装

扣件式钢管模板支架应采用可锻铸铁制作的扣件，其材质应符合现行国家标准《钢管脚手架扣件》GB 15831 的规定。采用其他材料制作的扣件时，应经试验证明其质量符合相关标准的规定后方可使用。

图 3.2-3　模板支架扣件　　　　　　　图 3.2-4　模板支架立杆、横杆

（3）模板支架保证项目的检查评定应符合下列规定：

1）施工方案

模板支架搭设应编制专项施工方案，结构设计应进行计算，并应按规定进行审核、审批。

模板支架搭设高度 8m 及以上；跨度 18m 及以上，施工总荷载 15kN/m² 及以上；集中线荷载 20kN/m 及以上的专项施工方案应按规定组织专家论证，如图 3.2-5 所示。

高大模架的论证要点有以下几个：

脚手架搭、拆的具体方法，必要的设计计算，脚手架构造等。

2）支架基础

基础应坚实、平整，承载力应符合设计要求，并应能承受支架上部全部荷载；底部应按规范要求设置底座、垫板，垫板规格应符合规范要求。

支架底部纵、横向扫地杆的设置应符合规范要求。

基础应设排水设施，并应排水畅通。

当支架设在楼面结构上时，应对楼面结构强度进行验算，必要时应对楼面结构采取加固措施，如图 3.2-6 所示。

图 3.2-5　高大模板支架

图 3.2-6　楼面上的支架

支架底部纵、横向扫地杆的设置应符合规范要求，如图 3.2-7 所示。

脚手架必须设置纵、横向扫地杆。纵向扫地杆应采用直角扣件固定在距钢管底端不大于 200mm 处的立杆上。横向扫地杆应采用直角扣件固定在紧靠纵向扫地杆下方的立杆上。

图 3.2-7　扫地杆设置

图 3.2-8　脚手架垫板

设置扫地杆能有效地增大模板支架的整体刚度，使立杆受力趋于均匀，也就是说使立杆有效地共同工作，提高承载力，同时可以避免因局部支架刚度偏小、变形过大进而影响整个支架稳定性的现象。

基础应坚实、平整，承载力应符合设计要求，并应能承受支架上部全部荷载；底部应按规范要求设置底座、垫板，如图 3.2-8 所示。

3）支架构造

立杆间距应符合设计和规范要求。

水平杆步距应符合设计和规范要求，水平杆应按规范要求连续设置。

竖向、水平剪刀撑或专用斜杆、水平斜杆的设置应符合规范要求，如图 3.2-9 所示。

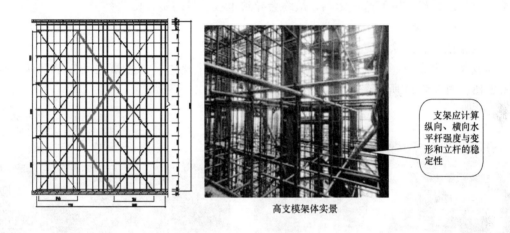

图 3.2-9　支架剪刀撑构造

4）支架稳定

当支架高宽比大于规定值时，应按规定设置连墙杆或采用增加架体宽度的加强措施。

立杆伸出顶层水平杆中心线至支撑点的长度应符合规范要求。

浇筑混凝土时应对架体基础沉降、架体变形进行监控，基础沉降、架体变形应在规定允许范围内，如图 3.2-10 所示。

图 3.2-10　支架连墙杆

图 3.2-11　立杆节点

连墙杆设置要点：

应靠近主节点设置，偏离主节点的距离不应大于300mm。

应从底层第一步纵向水平杆处开始设置，当该处设置有困难时，应采用其他可靠措施固定。

应优先采用菱形布置，或采用方形、矩形布置。

立杆伸出顶层水平杆中心线至支撑点长度应符合规范要求，如图3.2-11所示。

5）施工荷载

施工均布荷载、集中荷载应在设计允许范围内；

当浇筑混凝土时，应对混凝土堆积高度进行控制，如图3.2-12所示。

在浇筑混凝土时，如果出料口混凝土堆积过高，会因荷载过大导致模板支架变形，也会对已经绑扎好的钢筋造成影响，最终会导致工程质量的不合格。

6）交底与验收

支架搭设、拆除前应进行交底，并应有交底记录。

支架搭设完毕，应按规定组织验收，验收应有量化内容并经责任人签字确认。如图3.2-13、图3.2-14所示。

图3.2-12 混凝土浇筑

图3.2-13 架子工班组交底

图3.2-14 支架搭设验收

脚手架搭设人员必须是经过按现行国家标准《特种作业人员安全技术考核管理规则》考核合格的专业架子工，上岗人员应定期体检，合格者方可持证上岗。

模板支架验收应根据专项施工方案，检查现场实际搭设与方案的符合性。施工过程中检查项目应符合下列要求：

① 立柱底部基础应回填夯实；

② 垫木应满足设计要求；

③ 底座位置应正确，顶托螺杆伸出长度应符合规定；

④ 立柱的规格尺寸和垂直度应符合

要求，不得出现偏心荷载；

⑤ 扫地杆、水平拉杆、剪刀撑等设置应符合规定，固定可靠；

⑥ 安装后的扣件螺栓扭紧力矩应达到40～65N/m。抽检数量应符合规范要求；

⑦ 安全网和各种安全防护设施符合要求；

⑧ 支架验收完毕，应由参与验收人员签字确认。

模板支架保证项目检查评分表见表3.2-1。

模板支架保证项目检查评分表　　　　　表3.2-1

序号	检查项目		扣分标准	应得分数	扣减分数	实得分数
1	保证项目	施工方案	未按编制专项施工方案或结构设计未经计算，扣10分 专项施工方案未经审核、审批，扣10分 超规模模板支架专项施工方案未按规定组织专家论证，扣10分	10		
2		支架基础	基础不坚实平整、承载力不符合专项施工方案要求，扣5～10分 支架底部未设置垫板或垫板的规格不符合规范要求，扣5～10分 支架底部未按规范要求设置底座，每处扣2分 未按规范要求设置扫地杆，扣5分 未设置排水设施，扣5分 支架设在楼面结构上时，未对楼面结构的承载力进行验算或楼面结构下方未采取加固措施，扣10分	10		
3		支架构造	立杆纵、横间距大于设计和规范要求，每处扣2分 水平杆步距大于设计和规范要求，每处扣2分 水平杆未连续设置，扣5分 未按规范要求设置竖向剪刀撑或专用斜杆，扣10分 未按规范要求设置水平剪刀撑或专用水平斜杆，扣10分 剪刀撑或水平斜杆设置不符合规范要求，扣5分	10		
4		支架稳定	支架高宽比超过规范要求未采取与建筑结构刚性连结或增加架体宽度等措施，扣10分 立杆伸出顶层水平杆的长度超过规范要求，每处扣2分 浇筑混凝土未对支架的基础沉降、架体变形采取监测措施，扣8分	10		
5		施工荷载	荷载堆放不均匀，每处扣5分 施工荷载超过设计规定，扣10分 浇筑混凝土未对混凝土堆积高度进行控制，扣8分	10		
6		交底与验收	支架搭设、拆除前未进行交底或无文字记录，扣5～10分 架体搭设完毕未办理验收手续，扣10分 验收内容未进行量化，或未经责任人签字确认，扣5分	10		

（4）模板支架一般项目的检查评定应符合下列规定：

1）杆件连接

立杆应采用对接、套接或承插式连接方式，并应符合规范要求；

水平杆的连接应符合规范要求；

当剪刀撑斜杆采用搭接时，搭接长度不应小于 1m；

杆件各连接点的紧固应符合规范要求。

图 3.2-15 立杆连接

如图 3.2-15～图 3.2-17 所示。

扣接式脚手架即使用扣件箍紧连接的脚手架，靠拧紧扣件螺栓所产生的摩擦作用构架和承载的脚手架。

销栓式脚手架 采用对穿螺栓或销杆连接的脚手架，此种形式已很少使用。

此外，还按脚手架的材料划分为竹脚手架、木脚手架、钢管或金属脚手架；按使用对象或场合划分为高层建筑脚手架、烟囱脚手架、水塔脚手架、凉水塔脚手架以及外脚手架、里脚手架。还有定型与非定型、多功能与单功能之分，但均非严格的界限。

立杆间距、水平杆步距应符合设计和规范要求。

当立杆基础不在同一高度上时，必须将高处的纵向扫地杆向低处延长两跨与立杆固定，高低差不应大于 1m。靠边坡上方的立杆轴线到边坡的距离不应小于 500mm。

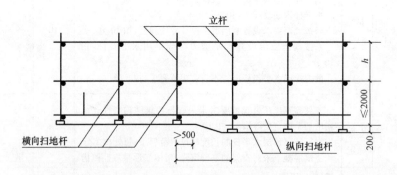

图 3.2-16 纵、横向扫地杆构造

立杆接长除顶步可采用搭接外，其余各步接头必须采用对接扣件连接。对接、搭接应符合下列规定：

① 立杆上的对接扣件应交错布置，两根相邻立杆的接头不应设置在同步内，如图 3.2-17 所示。

② 搭接长度不应小于 1m，应采用不少于 2 个旋转扣件固定，端部扣件盖板的边缘至杆端距离不应小于 100mm，如图 3.2-18 所示。

③ 立杆接长时，同步内隔一根立杆的两个相隔接头在高度方向错开的距离不宜小于500mm，各接头中心至主节点的距离不宜大于步距的1/3。

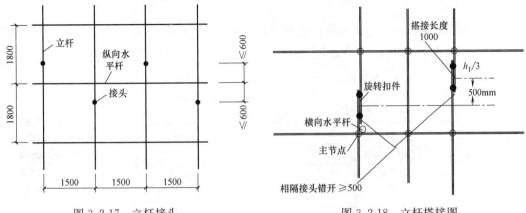

图 3.2-17 立杆接头　　　　　　　　图 3.2-18 立杆搭接图

主节点处必须设置一根横向水平杆，用直角扣件扣接且严禁拆除。主节点两个直角扣件的中心距不应大于150mm。如图 3.2-19 所示。

杆件连接扣件不得有裂纹、气孔、缩松、砂眼等锻造缺陷，扣件的规格应与钢筋相匹配，贴合面应平整，活动部位灵活，夹紧钢筋时开口处最小距离不小于5mm。如使用旧扣件时，扣件必须取样送有相关国家资质的试验单位进行扣件抗滑力等试验，试验结果满足设计要求后方可在施工中使用。

可调底座、托撑螺杆直径应与立杆内径匹配，配合间隙应符合规范要求；螺杆旋入螺母内长度不应少于5倍的螺距。

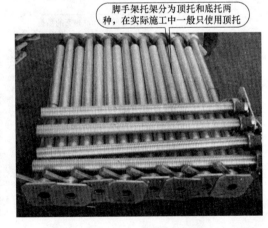

图 3.2-19 杆件连接　　　　　　　　图 3.2-20 脚手架托架

脚手架托架是构成脚手架的重要组成部分，可以方便地调整脚手架的高度，使结构的标高符合设计要求，但是从安全考虑，顶托的调节范围是顶托全高的45%左右，不能超过50%，否则会引起失稳。见图 3.2-20。

2）构配件材质

钢管壁厚应符合规范要求；

构配件规格、型号、材质应符合规范要求；

杆件弯曲、变形、锈蚀量应在规范允许范围内。

3）支架拆除

支架拆除前结构的混凝土强度应达到设计要求；支架拆除前应设置警戒区，并应设专人监护。见表3.2-2和图3.2-21、图3.2-22。

支架拆除前混凝土强度值　　　表3.2-2

构件类型	构件跨度(m)	达到设计的混凝土立方体抗压强度标准值的百分率(%)
板	≤2	≥50
	>2,≤8	≥75
	>8	≥100
梁、拱、壳	≤8	≥75
	>8	≥100
悬臂构件	—	≥100

> 支架拆除前混凝土的强度直接影响了结构安全，如拆除过早很容易发生质量和安全事故

混凝土构件浇筑完成的同时，制作至少两组同条件养护混凝土试块，在拆除模板前，应先将同条件混凝土试块送试验室进行试压，如第一组试块强度不符合规范要求，待继续养护几天后，再将第二组试块进行试压，同条件养护试块的养护地点和方法同相关部位构件。

墙、柱的拆模时间以强度达到在拆模时不损坏混凝土表面为准。不承重的侧模板，包括梁、柱墙的侧模板，只要混凝土强度保证其表面、棱角不因拆模而受损坏，即可拆除。一般大模板在常温下，混凝土强度达到$1N/mm^2$，即可拆除。

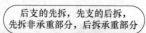

图3.2-21　支架拆除

拆除脚手架作业比搭设脚手架危险性更大，必须根据工程情况、作业环境及脚手架特点注意以下事项：

① 作业前，应对脚手架的现状，包括变形的情况、杆件之间的连接、与建筑物的连接及支撑情况，以及作业环境进行检查。

② 按照作业方案进行研究并分工。

③ 排除障碍物，清理脚手架上的杂物及地面作业环境。拆除之前，划定危险作业范围，并进行围圈，设监护人员。

④ 拆除作业时，地面设专人指挥，按要求统一进行，拆除程序与搭设程序相反，先搭的后拆除，自上而下逐层拆除，禁止上下同时作业。拆除时，先将防护栏杆、安全网等附加杆件拆除，并将脚手板向下传递，每档留一块脚手板便于操作。

⑤ 拆除顺序应沿脚手架交圈进行，分段拆除时，高差不应大于2步，以保持脚手架拆除过程的稳定；立面拆除时，应先对暂不拆除部分脚手架两端增设横向斜撑，先行加固

后再进行拆除；拆剪刀撑时应先拆除中间扣件，然后拆除两端扣件，防止因积梁变形发生挑杆。

⑥ 连墙件不得提前拆除，在逐层拆除到连墙件部位时，方可拆除，在最后一道连墙件拆除之前，应先在立杆上设置抛撑后进行，以保证立杆拆除中的稳定性。

⑦ 拆除作业中应随时注意作业位置的可靠，挂牢安全带，不准将拆除的杆件、扣件、脚手板等向地面抛掷。

⑧ 地面人员应与拆除人员紧密配合，将拆下的杆件等按品种、规格码放整齐。

图 3.2-22　作业人员配合拆除脚手架

模板支架一般项目检查评分表见表 3.2-3。

模板支架一般项目检查评分表　　　　表 3.2-3

序号	检查项目		扣分标准	应得分数	扣减分数	实得分数
7	一般项目	杆件连接	立杆连接未采用对接、套接或承插式长接，每处扣 3 分 水平杆连接不符合规范要求，每处扣 3 分 剪刀撑斜杆接长不符合规范要求，每处扣 3 分 杆件各连接点的紧固不符合规范要求，每处扣 2 分	10		
8		底座与托撑	螺杆直径与立杆内径不匹配，每处扣 3 分 螺杆旋入螺母内的长度或外伸长度不符合规范要求，每处扣 3 分	10		
9		构配件材质	钢管、构配件的规格、型号、材质不符合规范要求，扣 5～10 分 杆件弯曲、变形、锈蚀严重，扣 10 分	10		
10		支架拆除	支架拆除前未确认混凝土强度达到设计要求，扣 10 分 未按规定设置警戒区或未设置专人监护，扣 5～10 分	10		
		小计		40		
	检查项目合计			100		

3.3　高处作业

（1）高处作业检查评定应符合现行国家标准《安全网》GB 5725、《安全帽》GB 2118、《安全带》GB 6095 和现行行业标准《建筑施工高处作业安全技术规范》JGJ 80 的规定。

（2）高处作业检查评定项目应包括：安全帽、安全网、安全带、临边防护、洞口防护、通道口防护、攀登作业、悬空作业、移动式操作平台、悬挑式物料钢平台。如图 3.3-1 所示。

（3）高处作业的检查评定应符合下列规定：

1）安全帽

进入施工现场的人员必须正确佩戴安全帽；安全帽的质量应符合规范要求。如图 3.3-2 所示。

图 3.3-1　安全防护措施　　　　　图 3.3-2　安全帽

安全帽是防物体打击和坠落时头部碰撞的头部防护装置。

当作业人员头部受到坠落物的冲击时，利用安全帽帽壳、帽衬在瞬间先将冲击力分解到头盖骨的整个面积上，然后利用安全帽各部位缓冲结构的弹性变形、塑性变形和允许的结构破坏将大部分冲击力吸收，使最后作用到人员头部的冲击力降低到 4900N 以下，从而起到保护作业人员头部的作用。安全帽的帽壳材料对安全帽整体抗击性能起重要的作用。

安全帽是防止冲击物伤害头部的防护用品。由帽壳、帽衬、下颊带和后箍组成。帽壳呈半球形，坚固、光滑并有一定弹性，打击物的冲击和穿刺动能主要由帽壳承受。帽壳和帽衬之间留有一定空间，可缓冲、分散瞬时冲击力，从而避免或减轻对头部的直接伤害。冲击吸能性能、耐穿刺性能、侧向刚性、电绝缘性、阻燃性是对安全帽的基本技术性能的要求。

每顶安全帽应有以下四项永久性标志：

① 制造厂名称、商标、型号；

② 制造年、月；

③ 生产合格证和验证；

④ 生产许可证编号。

国家相关标准并没有对安全帽颜色的使用编制指导性规范，各个行业、系统、企业有不同的规范，建筑行业一般采用如下颜色：

酒红色：领导人员；

红色：技术人员；

白色：安全监督人员；

蓝色：电工或监理人员；

黄色：其他施工人员。

安全帽对人体头部受外力伤害起保护作用，但当前仍有一些工人甚至管理人员，漠视安全帽的保护功能和正确的使用方法。比如有的包工头为了多赚钱，昧着良心购进假冒伪劣的安全帽给工人用，那些假冒伪劣的安全帽，在高处坠落和物体打击的冲击力面前，往往不堪一击。

有些建筑工人缺乏正确使用安全帽的训练，对安全帽的保养和定期更换等知识更是贫乏。比如有的工人为了透气，在安全帽上乱钻孔，根本不知道会因此降低安全帽的抗冲击强度，从而导致严重后果。

有的工人戴的安全帽很旧，使用多年还不更换。大家知道，建筑工地露天作业，因为光照强烈，气温酷热而潮湿，对塑料制造的安全帽影响很大。那些很旧的、大大超过两年半有效使用期限的塑料安全帽，抗冲击力的强度大大降低。

有的建筑工人错误地认为戴安全帽没有必要，因此不经常戴安全帽，有的图凉快和挡太阳戴草帽，有的因为感觉不舒服戴帽不扣带。在工地不戴安全帽非常危险，这不是危言耸听。曾有工人在工地刚摘下头上的安全帽时，突然被从高处坠落的一颗铁钉击中脑门心，直达头颅颅骨内，经抢救无效死亡。虽然铁钉是很小的物体，但从几十米高处坠落时，在重力加速度的作用下，碰到人体要害部位，也会成为致命伤害。

2）安全网

在建工程外脚手架的外侧应采用密目式安全网进行封闭；安全网的质量应符合规范要求。如图 3.3-3 所示。

安全网一般分为平网（P）、立网（L）、密目式安全网（ML），由网体、边绳、系绳和筋绳构成。

大多用于各种高处作业。高处作业坠落隐患，常发生在架子、屋顶、窗口、悬挂、深坑、深槽等处。坠落伤害程度，随坠落距离大小而异，轻则伤残，重则死亡。安全网防护原理是：平网作用是挡住坠落的人和物，避免或减轻坠落及物击伤害；立网作用是防止人或物坠落。网受力强度必须经受住人体及携带工具等物品坠落时重量和冲击距离纵向拉力、冲击强度。

安全网物理力学性能，是判别安全网质量优劣的主要指标。

其内容包括：边绳、系绳、网绳、筋绳断裂强力。密目式安全网主要有：断裂强力、断裂伸长、接缝抗拉强力、撕裂强力、耐贯穿性、老化后断裂强力保留率、开眼环扣强力尾阻燃性能。如图 3.3-4 所示。

图 3.3-3　安全网

图 3.3-4　密目网破坏

平网和立网都应具有耐冲击性。立网不能代替平网，应根据施工需要及负载高度分清用平网还是立网。平网负载强度要求大于立网，所用材料较多，重量大于立网。一般情况下，平网大于5.5kg，立网大于2.5kg。

安全网主要使用于露天作业场所。所以，必须具有耐候性。具有耐候性材料主要有锦纶、维纶和涤纶。同一张网所用材料应相同，其湿干强力比应大于75%，每张网总重量不超过15kg。阻燃安全网的续燃、阴燃时间不得超过4s。

平网宽度不小于3m，立网和密目式安全网宽度不小于1.2m。系绳长度不小于0.8m。安全网系绳与系绳间距不应大于0.75m。密目式安全网系绳与系绳间距不应大于0.45m，安全网筋绳间距离不得太小，一般规定在0.3m以上。安全网可分为手工编结和机械编结。机械编结可分为有结编结和无结编结。一般情况下，无结网结节强度高于有结网结节强度。网结和节头必须固定牢固，不得移动，避免网目增大和边长不均匀。出现上述情况，将导致应力不集中，直至网绳断裂。

3）安全带

高处作业人员应按规定系挂安全带；

安全带的系挂应符合规范要求；

安全带的质量应符合规范要求。如图3.3-5所示。

安全带根据作用功能不同，大致分为三种类型：

① 围杆作业安全带

通过围绕在固定构造物上的绳或带将人体绑定在固定的构造物附近，使作业人员的双手可以进行其他操作的安全带。如图3.3-6所示。

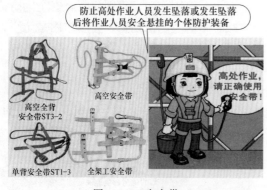

图3.3-5 安全带

图3.3-6 围杆作业安全带

② 区域限制安全带

用以限制作业人员的活动范围，避免其到达可能发生坠落区域的安全带。如图3.3-7所示。

③ 坠落悬挂安全带

高处作业或登高人员发生坠落时，将作业人员悬挂的安全带。如图3.3-8所示。

安全带应高挂低用，防止摆动，不准将绳打结，不将挂钩直接挂于安全绳上。各部件不许任意拆换，更换新绳加绳套，使用两年检测一次。对频繁使用绳，要经常做外观检查，发现异常情况应立即更换新绳。

图 3.3-7　区域限制安全带

图 3.3-8　坠落悬挂安全带

4）临边防护

作业面边沿应设置连续的临边防护设施；

临边防护设施的构造、强度应符合规范要求；

临边防护设施宜定型化、工具式，杆件的规格及连接固定方式应符合规范要求。如图 3.3-9、图 3.3-10 所示。

楼梯的临时防护栏杆，一般采用建筑脚手架钢管搭设，杆件用扣件或丝扣连接，防护栏杆整体构造应使防护栏杆任何处，能经受任何方向的 1kN 的外力而不发生明显变形或断裂。当栏杆所处位置有发生人群拥挤、车辆冲击或物体撞击等可能时，应加大横杆截面，加密柱距。

图 3.3-9　楼梯临边防护

图 3.3-10　基坑临边定型防护

具体做法如下：

① 临边防护栏杆钢管栏杆及栏杆柱均采用 $\phi48\times3.5mm$ 的管材，以扣件或电焊固定。

② 防护栏杆由二道横杆及栏杆柱组成，上横杆离地高度为 1.2m，下横杆离地高度为 0.6m，立杆总长度 1.7m，埋入地下不少于 0.5m，立杆间距 2m。

③ 所有护栏用油漆刷上醒目的警示色。

目前国家大力推行防护栏杆标准化，标准化的防护栏杆整齐、美观，观感效果好；水平防护栏杆的主体框架大多采用方管焊接，强度高、自身的牢固性好；立柱、防护栏框架与地面和周边结构的连接采用膨胀螺栓，较为灵活，实施过程中可操作性强，但也存在一次性投入大的问题。

防护栏杆框架单片重量偏大，防护栏杆框架与立柱通过螺栓连接，造成该处的抗剪力存在问题，整体牢固性方面有点薄弱。

5）洞口防护

在建工程的预留洞口、楼梯口、电梯井口等孔洞应采取防护措施；

防护措施、设施应符合规范要求；

防护设施宜定型化、工具式；

电梯井内每隔二层且不大于10m应设置安全平网防护。如图3.3-11～图3.3-13所示。

图3.3-11 预留洞口防护

图3.3-12 电梯口防护

边长或直径在20～50cm的洞口，可用固定盖板防护；

边长60～150cm的洞口，用盖板固定防护时，应在盖板下增设楞木或钢管；

150cm以上的洞口，洞口下张设安全网，四周应设护栏，护栏高度不小于1.2m，设三道水平杆。

坑井防护主要是指施工过程中的电梯井坑、设备基坑、深基坑、窨井、人工挖孔桩桩孔的防护。应采用盖板和护栏防护。夜间应设警示灯，大型基坑、挖桩施工时（人工挖孔桩施工间歇时，桩孔必须用盖板防护），应派专人值班。

电梯井在施工时，井筒内必须搭设脚手架至施工层，并满铺脚手板。

电梯井内的脚手板拆除后，必须每隔两层设置一道安全平网，其高度不得超过10m。

6）通道口防护

通道口防护应严密、牢固；

防护棚两侧应采取封闭措施；

防护棚宽度应大于通道口宽度，长度应符合规范要求；

当建筑物高度超过24m时，通道口防护顶棚应采用双层防护；

防护棚的材质应符合规范要求。
如图 3.3-13、图 3.3-14 所示。

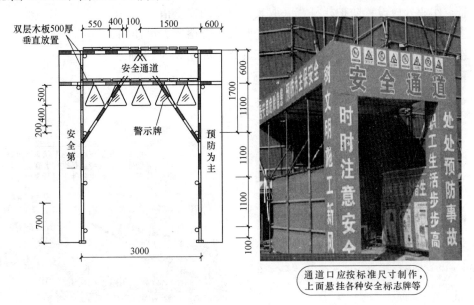

图 3.3-13 通道口防护

人行通道口都必须设防护棚,其宽度应超过通道的宽度。设置两层防护层,除道口外其余部分应设防护栏杆,防护棚顶应设防护栏,并张设安全网。

安全通道是保证员工安全的重要措施,是为员工行走、运送材料、工件而设置的,当建筑物高度超过 24m 时,通道口防护顶棚应采用双层防护。

7) 攀登作业

梯脚底部应坚实,不得垫高使用;

图 3.3-14 安全通道

折梯使用时上部夹角宜为 35°～45°,并应设有可靠的拉撑装置;

梯子的材质和制作质量应符合规范要求。如图 3.3-15 所示。

折梯必须设有撑杆或安全铰撑或安全拉绳,撑杆和安全铰撑应设在梯梁中点并能锁固;撑杆或安全铰撑应采用坚固可靠的材料制成,安全拉绳应用铁链、钢丝绳或多股铁丝制成,禁止使用电线、尼龙绳、麻绳、布条等具有延展能力的材料。

梯子的使用:上下梯子时尽量面朝梯子,保持三点接触以保持平衡。将工具放在工具袋内或使用绳索吊升使用,不可用抛接的方式。避免伸展身体去碰触难以碰触的位置,应重新移动位置来作业,尽量避免一脚踩在梯子上,一脚踩在邻近的物品上。人字梯使用时不可登上最高两阶来使用。

8）悬空作业

悬空作业处应设置防护栏杆或采取其他可靠的安全措施；

悬空作业所使用的索具、吊具等应经验收，合格后方可使用；

悬空作业人员应系挂安全带、佩戴工具袋。如图 3.3-16 所示。

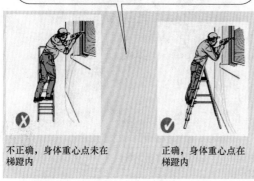

图 3.3-15　折梯的使用　　　　　　　图 3.3-16　悬空作业

施工现场，在周边临空的状态下进行作业，高度在 2m 及以上，属于悬空高处作业。由于悬空作业尚无立足点，必须适当地建立牢靠的立足点，如搭设操作平台、脚手架或吊篮等，方可进行施工。对悬空作业中所使用的索具、脚手架、吊篮、吊笼、平台、塔架等设备，均必须经过技术鉴定的合格产品，方可使用。

悬空作业系挂的安全带在使用前应进行检查，并应定期（每隔 6 个月）进行静荷重试验，试验荷重为 225kg，试验时间为 5min，试验后检查是否有变形、破裂等，并做好试验记录。

高处工作应一律使用工具袋。较大的工具应用绳拴在牢固的构件上，不准随便乱放，以防止从高空坠落发生事故。

9）移动式操作平台

操作平台应按规定进行设计计算；

移动式操作平台轮子与平台连接应牢固、可靠，立柱底端距地面高度不得大于 80mm；

操作平台应按设计和规范要求进行组装，铺板应严密；

操作平台四周应按规范要求设置防护栏杆，并应设置登高扶梯；

操作平台的材质应符合规范要求。如图 3.3-17、图 3.3-18 所示。

移动式操作平台轮子与平台连接应牢固、可靠，立柱底端距地面高度不得大于 80mm。

操作平台四周应按规范要求设置防护栏杆，并应设置登高扶梯。

10）悬挑式物料钢平台

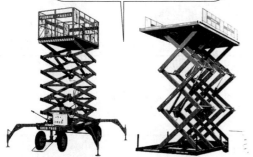

图 3.3-17 移动操作平台

图 3.3-18 操作平台

悬挑式物料钢平台的制作、安装应编制专项施工方案，并应进行设计计算。

悬挑式物料钢平台的下部支撑系统或上部拉结点，应设置在建筑结构上；斜拉杆或钢丝绳应按规范要求在平台两侧各设置前后两道；钢平台两侧必须安装固定的防护栏杆，并应在平台明显处设置荷载限定标牌。

钢平台台面、钢平台与建筑结构间铺板应严密、牢固。

如图 3.3-19～图 3.3-21 所示。

钢平台应便于操作，脚手板铺平绑牢，钢平台左右两侧必须装置固定的防护栏杆，为了防止在钢平台材料堆码过程中，材料从平台上掉落伤人，在两侧的固定防护栏杆上必须用木方和层板密闭封严。

图 3.3-19 悬挑式物料平台

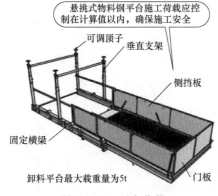

图 3.3-20 平台荷载

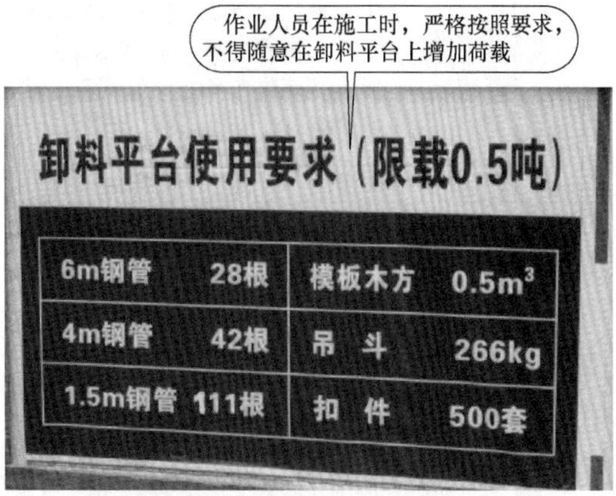

图 3.3-21 卸料平台使用要求

在平台明显处设置荷载限定标牌；钢平台台面、钢平台与建筑结构间铺板应严密、牢固。

高处作业检查评分表见表 3.3-1。

高处作业检查评分表　　　　　　　　　　　表 3.3-1

序号	检查项目	扣分标准	应得分数	扣减分数	实得分数
1	安全帽	施工现场人员未戴安全帽，每人扣 5 分 未按标准佩戴安全帽，每人扣 2 分 安全帽质量不符合现行国家相关标准的要求，扣 5 分	10		
2	安全网	在建工程外脚手架架体外侧未采用密目式安全网封闭或网间连接不严，扣 2～10 分 安全网质量不符合现行国家相关标准的要求，扣 10 分	10		
3	安全带	高处作业人员未按规定系挂安全带，每人扣 5 分 安全带系挂不符合要求，每人扣 5 分 安全带质量不符合现行国家相关标准的要求，扣 10 分	10		
4	临边防护	工作面边沿无临边防护，扣 10 分 临边防护设施的构造、强度不符合规范要求，扣 5 分 防护设施未形成定型化、工具式，扣 3 分	10		
5	洞口防护	在建工程的孔、洞未采取防护措施，每处扣 5 分 防护措施、设施不符合要求或不严密，每处扣 3 分 防护设施未形成用定型化、工具式，扣 3 分 电梯井内未按每隔两层且不大于 10m 设置安全平网，扣 5 分	10		
6	通道口防护	未搭设防护棚或防护不严、不牢固，扣 5～10 分 防护棚两侧未进行封闭，扣 4 分 防护棚宽度小于通道口宽度，扣 4 分 防护棚长度不符合要求，扣 4 分 建筑物高度超过 24m，防护棚顶未采用双层防护，扣 4 分 防护棚的材质不符合规范要求，扣 5 分	10		
7	攀登作业	移动式梯子的梯脚底部垫高使用，扣 3 分 折梯未使用可靠拉撑装置，扣 5 分 梯子的材质或制作质量不符合规范要求，扣 10 分	10		
8	悬空作业	悬空作业处未设置防护栏杆或其他可靠的安全设施，扣 5～10 分 悬空作业所用的索具、吊具等未经验收，扣 5 分 悬空作业人员未系挂安全带或佩带工具袋，扣 2～10 分	10		

续表

序号	检查项目	扣分标准	应得分数	扣减分数	实得分数
9	移动式操作平台	操作平台未按规定进行设计计算,扣8分 移动式操作平台,轮子与平台的连接不牢固可靠或立柱底端距离地面超过80mm,扣5分 操作平台的组装不符合设计和规范要求,扣10分 平台台面铺板不严,扣5分 操作平台四周未按规定设置防护栏杆或未设置登高扶梯,扣10分 操作平台的材质不符合规范要求,扣10分	10		
10	悬挑式物料钢平台	未编制专项施工方案或未经设计计算,扣10分 悬挑式钢平台的下部支撑系统或上部拉结点,未设置在建筑结构上,扣10分 斜拉杆或钢丝绳未按要求在平台两侧各设置两道,扣10分 钢平台未按要求设置固定的防护栏杆或挡脚板,扣3~10分 钢平台台面铺板不严或钢平台与建筑结构之间铺板不严,扣5分 未在平台明显处设置荷载限定标牌,扣5分	10		
检查项目合计			100		

第4章 施工用电、物料提升机与施工升降机

4.1 施工用电

图 4.1-1 施工现场配电箱

（1）施工用电检查评定应符合现行国家标准《建设工程施工现场供用电安全规范》GB 50194 和现行行业标准《施工现场临时用电安全技术规范》JGJ 46 的规定。施工现场临时用电设备在 5 台及以上或设备总容量在 50kW 及以上者，应编制用电组织设计。施工现场临时用电设备在 5 台以下和设备总容量在 50kW 以下，应制订安全用电和电气防火措施。如图 4.1-1 所示。

（2）施工用电检查评定的保证项目应包括：外电防护、接地与接零保护系统、配电线路、配电箱与开关箱。一般项目应包括：配电室与配电装置、现场照明、用电档案。如图 4.1-2～图 4.1-5 所示。

图 4.1-2 施工现场配电箱（一）

图 4.1-3 施工现场配电箱（二）

第4章 施工用电、物料提升机与施工升降机

图4.1-4 施工现场配电箱（三）

图4.1-5 施工现场配电箱（四）

（3）施工用电保证项目的检查评定应符合下列规定：

1）外电防护

① 外电线路与在建工程及脚手架、起重机械、场内机动车道的安全距离应符合规范要求。

② 当安全距离不符合规范要求时，必须采取绝缘隔离防护措施，并应悬挂明显的警示标志。

③ 防护设施与外电线路的安全距离应符合规范要求，并应坚固、稳定；如图4.1-6所示。

④ 外电架空线路正下方不得进行施工、建造临时设施或堆放材料物品。如图4.1-7所示。

图4.1-6 外电线路与在建工程

图4.1-7 外电线路防护

2）接地与接零保护系统

① 施工现场专用的电源中性点直接接地的低压配电系统应采用TN-S接零保护系统。

② 施工现场配电系统不得同时采用两种保护系统，如图4.1-8所示。

③ 保护零线应由工作接地线、总配电箱电源侧零线或总漏电保护器电源零线处引出，电气设备的金属外壳必须与保护零线连接。

④ 保护零线应单独敷设，线路上严禁装设开关或熔断器，严禁通过工作电流。

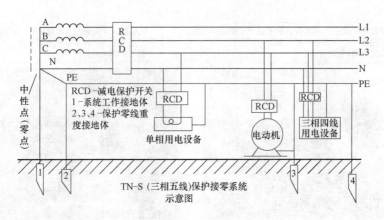

图 4.1-8　TN-S 接零保护系统

图 4.1-9　人工接地体

⑤ 保护零线应采用绝缘导线，规格和颜色标记应符合规范要求。

⑥ TN 系统的保护零线应在总配电箱处、配电系统的中间处和末端处做重复接地。

⑦ 接地装置的接地线应采用 2 根及以上导体，在不同点与接地体做电气连接，如图 4.1-9 所示。

⑧ 工作接地电阻不得大于 4Ω，重复接地电阻不得大于 10Ω。

⑨ 施工现场起重机、物料提升机、施工升降机、脚手架应按规范要求采取防雷措施，防雷装置的冲击接地电阻值不得大于 30Ω。

⑩ 做防雷接地机械上的电气设备，保护零线必须同时做重复接地。如图 4.1-10 所示。

3）配电线路

① 线路及接头应保证机械强度和绝缘强度。

② 线路应设短路、过载保护，导线截面应满足线路负荷电流。

③ 线路的设施、材料及相序排列、档距、与邻近线路或固定物的距离应符合规范要求。

④ 电缆应采用架空或埋地敷设并应符合规范要求，严禁沿地面明设或沿脚手架、树木等敷设；如图 4.1-11 所示。

图 4.1-10　重复接地

⑤ 电缆中必须包含全部工作芯线和用作保护零线的芯线，并应按规定接用。
⑥ 室内非埋地明敷主干线距地面高度不得小于 2.5m。如图 4.1-12 所示。

图 4.1-11 现场电缆架空敷设

图 4.1-12 室内明敷主干线

4）配电箱与开关箱
① 配电应采用三级配电、二级漏电保护系统，用电设备必须有各自专用的开关箱。
② 箱体结构、箱内电器设置及使用应符合规范要求。
③ 配电箱必须分设工作零线端子板和保护零线端子板，保护零线、工作零线必须通过各自的端子板连接。
④ 总配电箱与开关箱应安装漏电保护器，漏电保护器参数应匹配并灵敏可靠。
⑤ 箱体设置系统接线图和分路标记，并有门、锁及防雨措施。
如图 4.1-13 所示。

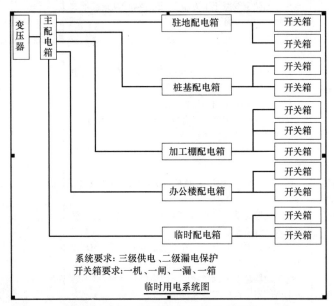

图 4.1-13 临时用电配电箱系统图

⑥ 箱体安装位置、高度及周边通道应符合规范要求.
⑦ 分配箱与开关箱间的距离不应超过 30m，开关箱与用电设备间的距离不应超过

图 4.1-14 施工现场配电箱

3m。如图 4.1-14 所示。

(4) 施工用电一般项目的检查评定应符合下列规定:

1) 配电室与配电装置

① 配电室的建筑耐火等级不应低于三级,配电室应配置适用于电气火灾的灭火器材;如图 4.1-15 所示。

② 配电室、配电装置的布设应符合规范要求;配电装置中的仪表、电器元件设置应符合规范要求。

③ 备用发电机组应与外电线路进行连锁。

施工用电保证项目检查评分表见表 4.1-1。

施工用电保证项目检查评分表　　　　表 4.1-1

序号	检查项目		扣分标准	应得分数	扣减分数	实得分数
1		外电防护	外电线路与在建工程及脚手架、起重机械、场内机动车道之间的安全距离不符合规范要求且未采取防护措施,扣 10 分 防护设施未设置明显的警示标志,扣 5 分 防护设施与外电线路的安全距离及搭设方式不符合规范要求扣 5~10 分 在外电架空线路正下方施工、建造临时设施或堆放材料物品,扣 10 分	10		
2	保证项目	接地与接零保护系统	施工现场专用的电源中性点直接接地的低压配电系统未采用 TN-S 接零保护系统,扣 20 分 配电系统未采用同一保护系统,扣 20 分 保护零线引出位置不符合规范要求,扣 5~10 分 电气设备未接保护零线,每处扣 2 分 保护零线装设开关、熔断器或通过工作电流,扣 20 分 保护零线材质、规格及颜色标记不符合规范要求,每处扣 2 分 工作接地与重复接地的设置、安装及接地装置的材料不符合规范要求,扣 10~20 分 工作接地电阻大于 4Ω,重复接地电阻大于 10Ω,扣 20 分 施工现场起重机、物料提升机、施工升降机、脚手架防雷措施不符合规范要求,扣 5~10 分 做防雷接地机械上的电气设备,保护零线未做重复接地,扣 10 分	20		

续表

序号	检查项目	扣分标准	应得分数	扣减分数	实得分数
3	保证项目	配电线路	线路及接头不能保证机械强度和绝缘强度，扣5~10分 线路未设短路、过载保护，扣5~10分 线路截面不能满足负荷电流，每处扣2分 线路的设施、材料及相序排列、档距、与邻近线路或固定物的距离不符合规范要求，扣5~10分； 电缆沿地面明设或沿脚手架、树木等敷设或敷设不符合规范要求，扣5~10分 未使用符合规范要求的电缆线路，扣10分 室内非埋地明敷主干线距地面高度小于2.5m，每处扣2分	10		
4		配电箱与开关箱	配电系统未采用三级配电、二级漏电保护系统，扣10~20分 用电设备未有各自专用的开关箱，每处扣2分 箱体结构、箱内电器设置不符合规范要求，扣10~20分 配电箱零线端子板的设置、连接不符合规范要求，扣5~10分 漏电保护器参数不匹配或仪表检测不灵敏，每处扣2分 配电箱与开关箱电器损坏或进出线混乱，每处扣2分 箱体未设置系统接线图和分路标记，每处扣2分 箱体未设门、锁，未采取防雨措施，每处扣2分 箱体安装位置、高度及周边通道不符合规范要求，每处扣2分 分配电箱与开关箱、开关箱与用电设备的距离不符合规范要求，每处扣2分	20		
	小计		60		

④ 配电室应采取防止风雨和小动物侵入的措施；如图4.1-16所示。

图4.1-15 施工现场配电室

图4.1-16 施工现场配电室

⑤ 配电室应设置警示标志、工地供电平面图和系统图。

2）现场照明

① 照明用电应与动力用电分设。

② 特殊场所和手持照明灯应采用安全电压供电，如图 4.1-17 所示。

③ 照明变压器应采用双绕组安全隔离变压器。

④ 灯具金属外壳应接保护零线。

⑤ 灯具与地面、易燃物间的距离应符合规范要求，如图 4.1-18 所示。

⑥ 照明线路和安全电压线路的架设应符合规范要求。

图 4.1-17 施工现场照明

图 4.1-18 施工现场照明灯具

⑦ 施工现场应按规范要求配备应急照明。

3）用电档案

① 总包单位与分包单位应签订临时用电管理协议，明确各方相关责任。

② 施工现场应制订专项用电施工组织设计、外电防护专项方案。

③ 专项用电施工组织设计、外电防护专项方案应履行审批程序，实施后应由相关部门组织验收。

④ 用电各项记录应按规定填写，记录应真实有效。

⑤ 用电档案资料应齐全，并应设专人管理。

施工用电一般项目检查评分表见表 4.1-2。

施工用电一般项目检查评分表　　　　　表 4.1-2

序号	检查项目	扣分标准	应得分数	扣减分数	实得分数
5	一般项目 配电室与配电装置	配电室建筑耐火等级未达到三级，扣 15 分 未配置适用于电气火灾的灭火器材，扣 3 分 配电室、配电装置布设不符合规范要求，扣 5～10 分 配电装置中的仪表、电器元件设置不符合规范要求或仪表、电器元件损失，扣 5～10 分 备用发电机组未与外电线路进行联锁，扣 15 分 配电室未采取防雨雪和小动物侵入的措施，扣 10 分 配电室未设警示标志、工地供电平面图和系统图，扣 3～5 分	15		

续表

序号	检查项目	扣分标准	应得分数	扣减分数	实得分数
6	一般项目 现场照明	照明用电与动力用电混用，每处扣 2 分 特殊场所未使用 36V 及以下安全电压，扣 15 分 手持照明灯未使用 36V 以下电源供电，扣 10 分 照明变压器未使用双绕组安全隔离变压器，扣 15 分 灯具金属外壳未接保护零线，每处扣 2 分 灯具与地面、易燃物之间小于安全距离，每处扣 2 分 照明线路和安全电压线路的架设不符合规范要求，扣 10 分 施工现场未按规范要求配备应急照明，每处扣 2 分	15		
7	用电档案	总包单位与分包单位未订立临时用电管理协议，扣 10 分 未制定专项用电施工组织设计、外电防护专项方案或设计、方案缺乏针对性，扣 5～10 分 专项用电施工组织设计、外电防护专项方案未履行审批程序，实施后相关部门未组织验收，扣 5～10 分 接地电阻、绝缘电阻和漏电保护器检测记录未填写或填写不真实，扣 3 分 安全技术交底、设备设施验收记录未填写或填写不真实，扣 3 分 定期巡视检查、隐患整改记录未填写或填写不真实扣 3 分 档案资料不齐全、未设专人管理，扣 3 分	10		

4.2 物料提升机

（1）物料提升机检查评定应符合现行行业标准《龙门架及井架物料提升机安全技术规范》JGJ 88 的规定。如图 4.2-1 所示。

安装与验收：1.物料提升机安装前办理备案手续，取得安装许可后进行搭设；2.安装完毕后由质检部门进行验收，日常检查有作业司机班前进行，确认提升机正常时方可投入使用；3.对检查、验收中发现的问题应采取定人、定时间、定措施进行整改并记录在案；4.作业司机必须经过专门培训取得特种作业上岗证后持证上岗

安全措施及要点：1.物料提升机验收合格后悬挂验收合格牌、最大起重量牌和安全警告标志；2.每组连墙杆件设置的距离不得大于9m，建筑物的顶层必须设置一组；3.卸料平台两侧设置1.2m的防护栏杆和0.3m高的踢脚杆并用密目安全网封闭，平台板采用4cm的厚木板，铺设严密；4.物料提升机架体不得直接或间接与外脚手架相连；5.吊笼上有安全门防止物料坠落，且安全门与安全停靠装置连锁，安全停靠装置灵敏可靠；6.提升机搭设的卷扬机操作棚，操作棚高度不小于2.5m，并具备安全防护和防雨的双重防护

图 4.2-1 施工现场物料提机

（2）物料提升机检查评定保证项目应包括：安全装置、防护设施、附墙架与缆风绳、钢丝绳、安拆、验收与使用。一般项目应包括：基础与导轨架、动力与传动、通信装置、卷扬机操作棚、避雷装置。

（3）物料提升机保证项目的检查评定应符合下列规定：

① 应安装起重量限制器、防坠安全器，并应灵敏可靠；如图 4.2-2、图 4.2-3 所示。

133

图 4.2-2 重量限制器

图 4.2-3 防坠安全器

② 安全停层装置应符合规范要求，并应定型化；如图 4.2-4 所示。
③ 应安装上行程限位并灵敏可靠，安全越程不应小于 3m。

图 4.2-4 停层平台门示意

图 4.2-5 物料提升机

图 4.2-6 物料提升机防护棚

④ 安装高度超过 30m 的物料提升机应安装渐进式防坠安全器及自动停层、语音影像信号监控装置，如图 4.2-5 所示。

（4）防护设施：

① 应在地面进料口安装防护围栏和防护棚，防护围栏、防护棚的安装高度和强度应符合规范要求；如图 4.2-6 所示。

② 停层平台两侧应设置防护栏杆、挡脚板，平台脚手板应铺满、铺平；如图 4.2-7 所示。

③ 平台门、吊笼门安装高度、强度应符合规范要求，并应定型化。如图 4-2-8 所示。

第4章 施工用电、物料提升机与施工升降机

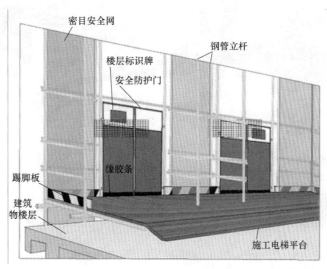

图 4.2-7 停层平台示意图

（5）附墙架与缆风绳：

① 附墙架结构、材质、间距应符合产品说明书要求。

② 附墙架应与建筑结构可靠连接。

③ 缆风绳设置的数量、位置、角度应符合规范要求，并应与地锚可靠连接；如图 4.2-9 所示。

图 4.2-8 施工现场物料提升机停层平台

图 4.2-9 物料提升机缆风绳

④ 安装高度超过 30m 的物料提升机必须使用附墙架，如图 4.2-10 所示。

⑤ 地锚设置应符合规范要求，30m 以下物料提升机可采用桩式地锚，当采用钢管或角钢时不少于两根；应并排设置间距不小于 0.5m，打入深度不小于 1.7m，顶部设有防止缆风绳滑脱的装置。

（6）钢丝绳：

① 钢丝绳磨损、断丝、变形、锈蚀量应在规范允许范围内。

② 钢丝绳夹设置应符合规范要求。

③ 当吊笼处于最低位置时，卷筒上钢丝绳严禁少于 3 圈；如图 4.2-11 所示。

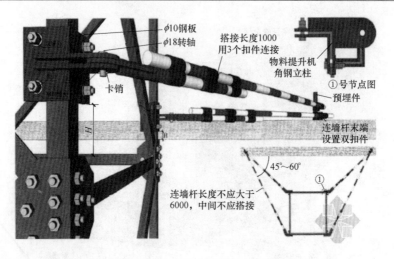

图 4.2-10 物料提升机附墙架示意图

④ 钢丝绳应设置过路保护措施，如图 4.2-12 所示。

图 4.2-11 物业提升机卷筒

图 4.2-12 钢丝绳保护

图 4.2-13 物料提升机检查验收

（7）安拆、验收与使用：

① 安装、拆卸单位应具有起重设备安装工程专业承包资质和安全生产许可证。

② 安装、拆卸作业应制订专项施工方案，并应按规定进行审核、审批。

③ 安装完毕应履行验收程序，验收表格应由责任人签字确认，如图 4.2-13 所示。

④ 安装、拆卸作业人员及司机应持证上岗。

⑤ 物料提升机作业前应按规定进行例行检查，并应填写检查记录；实行多班作业、应按规定填写交接班记录。

物料提升机保证项目检查评分表见表 4.2-1。

物料提升机保证项目检查评分表　　　　　表 4.2-1

序号	检查项目		扣分标准	应得分数	扣减分数	实得分数
1	保证项目	安全装置	未安装起重量限制器、防坠安全器,扣 15 分 起重量限制器、防坠安全器不灵敏,扣 15 分 安全停层装置不符合规范要求或未达到定型化,扣 5～10 分 未安装上行程限位,扣 15 分 上行程限位不灵敏、安全越程不符合规范要求,扣 10 分 物料提升机安装高度超过 30m,未安装渐进式防坠安全器、自动停层、语音及影像信号监控装置,每项扣 5 分	15		
2		防护设施	未设置防护围栏或设置不符合规范要求,扣 5～15 分 未设置进料口防护棚或设置不符合规范要求,扣 5～15 分 停层平台两侧未设置防护栏杆、挡脚板,每处扣 5 分 停层平台脚手板铺设不严、不牢,每处扣 2 分 未安装平台门或平台门不起作用,扣 5～15 分 平台门未达到定型化,每处扣 2 分 吊笼门不符合规范要求,扣 10 分	15		
3		附墙架与缆风绳	附墙架结构、材质、间距不符合产品说明书要求,扣 10 分 附墙架未与建筑结构可靠连接,扣 10 分 缆风绳设置数量、位置不符合规范要求,扣 5 分 缆风绳未使用钢丝绳或未与地锚连接,扣 10 分 钢丝绳直径小于 8mm 或角度不符合 45°～60°要求,扣 5～10 分 安全高度超过 30m 的物料提升机使用缆风绳,扣 10 分 地锚设置不符合规范要求,每处扣 5 分	10		
4		钢丝绳	钢丝绳磨损、变形、锈蚀达到报废标准,扣 10 分 钢丝绳绳夹设置不符合规范要求,每处扣 2 分 吊笼处于最低位置,卷筒上钢丝绳少于 3 圈,扣 10 分 未设置钢丝绳过路保护措施或钢丝绳拖地,扣 5 分	10		
5		安拆、验收与使用	安装、拆卸单位未取得专业承包资质和安全生产许可证,扣 10 分 未制定专项施工方案或未经审核、审批,扣 10 分 未履行验收程序或验收表未经责任人签字,扣 5～10 分 安装、拆除人员及司机未持证上岗,扣 10 分 物料提升机作业前未按规定进行例行检查或未填写检查记录,扣 4 分 实行多班作业未按规定填写交接班记录,扣 3 分	10		
		小计		60		

(8) 物料提升机一般项目的检查评定应符合下列规定：

1) 基础与导轨架

① 基础的承载力和平整度应符合规范要求。

② 基础周边应设置排水设施，如图 4.2-14 所示。

③ 导轨架垂直度偏差不应大于导轨架高度 0.15%，如图 4.2-15 所示。

图 4.2-14　物料提升机基础

图 4.2-15　物料提升机导轨架

④ 井架停层平台通道处的结构应采取加强措施。

2) 动力与传动

① 卷扬机应安装牢固，当卷扬机卷筒与导轨底部导向轮的距离小于 20 倍卷筒宽度时，应设置排绳器。

② 钢丝绳应在卷筒上排列整齐，如图 4.2-16 所示。

③ 滑轮与导轨架、吊笼应采用刚性连接，并应与钢丝绳相匹配。

④ 卷筒、滑轮应设置防止钢丝绳脱出装置，如图 4.2-17 所示。

图 4.2-16　物料提升机卷筒

图 4.2-17　卷筒、滑轮钢丝绳防脱装置

⑤ 当曳引钢丝绳为2根及以上时，应设置曳引力平衡装置。

3）通信装置

① 应按规范要求设置通信装置。

② 通信装置应具有语音和影像显示功能，如图4.2-18所示。

4）卷扬机操作棚

① 应按规范要求设置卷扬机操作棚。

② 卷扬机操作棚强度、操作空间应符合规范要求，如图4.2-19所示。

图4.2-18 通信装置样例　　　　　图4.2-19 卷扬机操作棚

5）避雷装置

① 当物料提升机未在其他防雷保护范围内时，应设置避雷装置。

② 避雷装置设置应符合现行行业标准《施工现场临时用电安全技术规范》JGJ 46的规定，如图4.2-20所示。

图4.2-20 卷扬机

物料提升机一般项目检查评分表见表4.2-2。

物料提升机一般项目检查评分表 表4.2-2

序号	检查项目		扣分标准	应得分数	扣减分数	实得分数
6	一般项目	基础与导轨架	基础的承载力、平整度不符合规范要求,扣5~10分 基础周边未设排水设施,扣5分 导轨架垂直度偏差大于导轨架高度0.15%,扣5分 井架停层平台通道处的结构未采取加强措施,扣8分	10		
7		动力与传动	卷扬机、曳引机安装不牢固,扣10分 卷筒与导轨架底部导向轮的距离小于20倍卷筒宽度未设置排绳器,扣5分 钢丝绳在卷筒上排列不整齐,扣5分 滑轮与导轨架、吊笼未采用刚性连接,扣10分 滑轮与钢丝绳不切配,扣10分 卷筒、滑轮未设置防止钢丝绳脱出装置,扣5分 曳引钢丝绳为2根及以上时,未设置曳引力平衡装置,扣5分	10		
8		通信装置	未按规范要求设置通信装置,扣5分 通信装置信号显示不清晰,扣3分	5		
9		卷扬机操作棚	未设置卷扬机操作棚,扣10分 操作棚搭设不符合规范要求,扣5~10分	10		
10		避雷装置	物料提升机在其他防雷保护范围以外未设置避雷装置,扣5分 避雷装置不符合规范要求,扣3分	5		
		小计		40		

4.3 施工升降机

(1)施工升降机检查评定应符合现行国家标准《施工升降机安全规程》GB 10055和现行行业标准《建筑施工升降机安装、使用、拆卸安全技术规程》JGJ 215的规定。

(2)施工升降机检查评定保证项目应包括:安全装置、限位装置、防护设施、附墙架、钢丝绳、滑轮与对重、安拆、验收与使用。一般项目应包括:导轨架、基础、电气安全、通信装置,如图4.3-1、图4.3-2所示。

(3)施工升降机保证项目的检查评定应符合下列规定:

1)安全装置

① 应安装起重量限制器,并应灵敏可靠。

② 应安装渐进式防坠安全器并应灵敏可靠,应在有效的标定期内使用,如图4.3-3所示。

③ 对重钢丝绳应安装防松绳装置,并应灵敏可靠。

④ 吊笼的控制装置应安装非自动复位型的急停开关,任何时候均可切断控制电路停止吊笼运行。

⑤ 底架应安装吊笼和对重缓冲器，缓冲器应符合规范要求；如图 4.3-4 所示。

图 4.3-1 施工升降机

图 4.3-2 现场施工升降机

图 4.3-3 防坠安全器，上限位，下限位，极限限位

图 4.3-4 升降机吊笼

⑥ SC（齿条齿轮传动）型施工升降机应安装一对以上安全钩。

2）限位装置

① 应安装非自动复位型极限开关并应灵敏可靠。

② 应安装自动复位型上、下限位开关并应灵敏可靠，上、下限位开关安装位置应符合规范要求。

③ 上极限开关与上限位开关之间的安全越程不应小于0.15m。

④ 极限开关、限位开关应设置独立的触发元件；吊笼门应安装机电连锁装置并应灵敏可靠；吊笼顶窗应安装电气安全开关并应灵敏可靠。

3）防护设施

① 吊笼和对重升降通道周围应安装地面防护围栏，防护围栏的安装高度、强度应符合规范要求，围栏门应安装机电连锁装置并应灵敏可靠。

② 地面出入通道防护棚的搭设应符合规范要求，如图4.3-5所示。

③ 停层平台两侧应设置防护栏杆、挡脚板，平台脚手板应铺满、铺平；如图4.3-6所示。

图4.3-5 升降机出入通道、防护棚

图4.3-6 停层平台

④ 层门安装高度、强度应符合规范要求，并应定型化。

4）附墙架

① 附墙架应采用配套标准产品，当附墙架不能满足施工现场要求时，应对附墙架另行设计，附墙架的设计应满足构件刚度、强度、稳定性等要求，制作应满足设计要求，如图4.3-7所示。

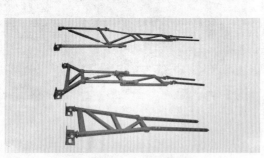

图4.3-7 附墙架

② 附墙架与建筑结构连接方式、角度应符合产品说明书要求。

③ 附墙架间距、最高附着点以上导轨架的自由高度应符合产品说明书要求，如图4.3-8所示。

5）钢丝绳、滑轮与对重

① 对重钢丝绳绳数不得少于2根且应相互独立。

② 钢丝绳磨损、变形、锈蚀应在规范允许范围内。

③ 钢丝绳的规格、固定应符合产品说明书及规范要求，如图 4.3-9 所示。

附墙架的设计应考虑基础状况、上部自由端高度、工作荷载、风荷载等因素的影响，并绘制相关图样和编写有关说明

图 4.3-8　升降机附墙　　　　图 4.3-9　钢丝绳及固定件

④ 滑轮应安装钢丝绳防脱装置并应符合规范要求。

⑤ 对重重量、固定应符合产品说明书要求。

⑥ 对重除导向轮、滑轮外应设有防脱轨保护装置，如图 4.3-10 所示。

6）安拆、验收与使用

① 安装、拆卸单位应具有起重设备安装工程专业承包资质和安全生产许可证。

② 安装、拆卸应制订专项施工方案，并经过审核、审批；如图 4.3-11 所示。

③ 安装完毕应履行验收程序，验收表格应由责任人签字确认；如图 4.3-12 所示。

图 4.3-10　升降机对重导向轮

安装、拆卸单位应具备有起重设备安装工程专业承包资质和安全生产许可证；安装、拆卸应制订专项施工方案，并经过审核、审批

验收完成填写验收记录，并在导轨架明显处悬挂验收合格标志牌

图 4.3-11　施工升降机安装现场　　　　图 4.3-12　施工升降机现场验收

④ 安装、拆卸作业人员及司机应持证上岗。
⑤ 施工升降机作业前应按规定进行例行检查,并应填写检查记录。
⑥ 实行多班作业,应按规定填写交接班记录。
施工升降机保证项目检查评分表见表 4.3-1。

施工升降机保证项目检查评分表　　　　表 4.3-1

序号	检查项目		扣分标准	应得分数	扣减分数	实得分数
1	保证项目	安全装置	未安装起重量限制器或起重量限制器不灵敏,扣 10 分 未安装渐进式防坠安全器或防坠安全器不灵敏,扣 10 分 防坠安全器超过有效标定期限,扣 10 分 对重钢丝绳未安装防松绳装置或防松绳装置不灵敏,扣 5 分 未安装急停开关或急停开关不符合规范要求,扣 5 分 未安装吊笼和对重缓冲器或缓冲器不符合规范要求,扣 5 分 SC 型施工升降机未安装安全钩,扣 10 分	10		
2		限位装置	未安装极限开关或极限开关不灵敏,扣 10 分 未安装上限位开关或上限位开关不灵敏,扣 10 分 未安装下限位开关或下限位开关不灵敏,扣 5 分 极限开关与上限位开关安全越程不符合规范要求,扣 5 分 极限开关与上、下限位开关共用一个触发元件,扣 5 分 未安装吊笼门机电连锁装置或不灵敏,扣 10 分 未安装吊笼顶窗电气安全开关或不灵敏,扣 5 分	10		
3		防护设施	未设置地面防护围栏或设置不符合规范要求,扣 5~10 分 未安装地面防护围栏联锁保护装置或联锁保护装置不灵敏,扣 5~8 分 未设置出入口防护棚或设置不符合规范要求,扣 5~10 分 停层平台搭设不符合规范要求,扣 5~8 分 未安装层门或层门不起作用,扣 5~10 分 层门不符合规范要求,未达到定型化,每处扣 2 分	10		
4		附墙架	附墙架采用非配套标准产品未进行设计计算,扣 10 分 附墙架与建筑结构连接方式、角度不符合产品说明书要求,扣 5~10 分 附墙架间距、最高附着点以上导轨架的自由高度超过产品说明书要求,扣 10 分	10		
5		钢丝绳、滑轮与对重	对重钢丝绳绳数少于 2 根或未相对独立,扣 5 分 钢丝绳磨损、变形、锈蚀达到报废标准,扣 10 分 钢丝绳的规格、固定不符合产品说明书及规范要求,扣 10 分 滑轮未安装钢丝绳防脱装置或不符合规范要求,扣 4 分 对重重量、固定不符合产品说明书及规范要求,扣 10 分 对重未安装防脱轨保护装置,扣 5 分	10		

续表

序号	检查项目		扣分标准	应得分数	扣减分数	实得分数
6	保证项目	安拆、验收与使用	安装、拆卸单位未取得专业承包资质和安全生产许可证,扣10分 未编制安装、拆卸专项方案或专项方案未经审核、审批,扣10分 未履行验收程序或验收表未经责任人签字,扣5～10分 安装、拆除人员及司机未持证上岗,扣10分 施工升降机作业前未按规定进行例行检查,未填写检查记录,扣4分 实行多班作业未按规定填写交接班记录,扣3分	10		

(4) 施工升降机一般项目的检查评定应符合下列规定:

1) 导轨架

① 导轨架垂直度应符合规范要求,如图 4.3-13 所示。

② 标准节的质量应符合产品说明书及规范要求。

③ 对重导轨应符合规范要求。

④ 标准节连接螺栓使用应符合产品说明书及规范要求。

图 4.3-13 施工升降机导轨架

注:底部与底笼连接并通过附墙架与建筑物固定,作为吊笼上下运行的导轨架,由每节 1508mm 的标准节通过螺栓连接而成,标准节主要由钢管和型钢焊接而成,其截面一般呈矩形(正方形),各标准节之间可以任意互换。

2) 基础

① 基础制作、验收应符合说明书及规范要求,如图 4.3-14 所示。

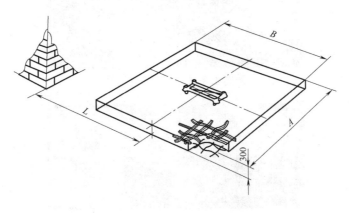

图 4.3-14 升降机基础

② 基础设置在地下室顶板或楼面结构上,应对其支承结构进行承载力验算。
③ 基础应设有排水设施,如图 4.3-15 所示。

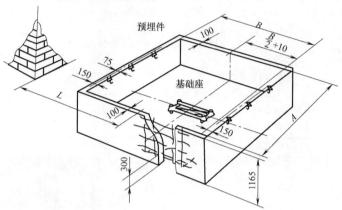

图 4.3-15　升降机基础排水设施

3）电气安全

① 施工升降机与架空线路的安全距离和防护措施应符合规范要求；如图 4.3-16 所示。
② 电缆导向架设置应符合说明书及规范要求。
③ 施工升降机在其他避雷装置保护范围外应设置避雷装置,并应符合规范要求。

注：施工升降机电气设备的保护系统,主要有相序保护、急停开关、短路保护、零位保护、报警系统、照明等。

4）通信装置

通信装置应安装楼层信号联络装置,并应清晰有效；如图 4.3-17 所示。

图 4.3-16　施工升降机

图 4.3-17　通信装置

施工升降机一般项目检查评分表见图 4.3-2。

施工升降机一般项目检查评分 表 4.3-2

序号	检查项目		扣分标准	应得分数	扣减分数	实得分数
7	一般项目	导轨架	导轨架垂直度不符合规范要求,扣 10 分 标准节质量不符合产品说明书及规范要求,扣 10 分 对重导轨不符合规范要求,扣 5 分 标准节连接螺栓使用不符合产品说明书及规范要求,扣 5~8 分	10		
8		基础	基础制作、验收不符合产品说明书及规范要求,扣 5~10 分 基础设置在地下室顶板或楼面结构上,未对其支承结构进行承载力验算,扣 10 分 基础未设置排水设施,扣 4 分	10		
9		电气安全	施工升降机与架空线路小于安全距离未采取防护措施,扣 10 分 防护措施不符合规范要求,扣 5 分 未设置电缆导向架或设置不符合规范要求,扣 5 分 施工升降机在防雷保护范围以外未设置避雷装置,扣 10 分 避雷装置不符合规范要求,扣 5 分	10		
10		通信装置	未安装楼层信号联络装置,扣 10 分 楼层联络信号不清晰,扣 5 分	10		

第 5 章 塔式起重机、起重吊装与施工机具

5.1 塔式起重机

塔式起重机检查评定应符合现行国家标准《塔式起重机安全规程》GB 5144 和现行行业标准《建筑施工塔式起重机安装、使用、拆卸安全技术规程》JGJ 196 的规定。

(1) 塔式起重机识别

塔式起重机简介示意如图 5.1-1 所示。

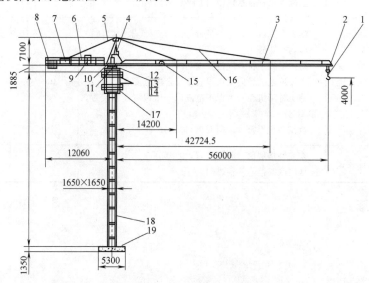

图 5.1-1 QTZ5613 自升塔式起重机简介示意图
1—吊钩；2—变幅小车；3—臂架；4—塔顶；5—平衡臂拉杆；6—平衡臂；7—起升机构；8—配重；
9—电气系统；10—回转机构；11—司机室；12—上转台；13—回转支承；14—下支座；
15—变幅机构；16—拉杆系统；17—爬升架；18—塔身标准节；19—固定基础

(2) 塔式起重机检查评定项目

塔式起重机这种大型、重型设备其安全和质量的检查和评定，不仅是确保设备正常运行的必备条件，同时也是保证施工进度不受影响的先决条件。所以在塔式起重机正式运行前必须对塔式起重机进行全面检查，并进行测试运行。塔式起重机检查评定项目见图 5.1-2 和图 5.1-3。

(3) 塔式起重机保证项目的检查评定应符合下列规定

1) 载荷限制装置

塔式起重机必须安装载荷限制装置，包括安装起重量限制器和安装起重力矩限制器。对于起重量限制器要点见图 5.1-4，对于安装起重机力矩限制器要点见图 5.1-5。

第 5 章 塔式起重机、起重吊装与施工机具

塔式起重机检查评定项目分为：①保证项目；②一般项目。保证项目是各级部门在安全检查监督中必须严格检查的项目。

图 5.1-2 塔式起重机展示

塔式起重机检查评定保证项目应包括：载荷限制装置、行程限位装置、保护装置、吊钩、滑轮、卷筒与钢丝绳、多塔作业、安拆、验收与使用

一般项目应包括：附着、基础与轨道、结构设施、电气安全

图 5.1-3 群塔展示

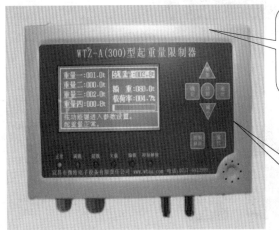

功能：具有声报警、立即报警、切断起重机起升电机回路和显示起吊重物重量等。目的：可避免起重设备因过负荷超载造成的设备和人身事故

起重量限制器应灵敏可靠。当起重量大于相应档位的额定值并小于该额定值的110%时，应切断上升方向上的电源，但机构可作下降方向的运动

图 5.1-4 起重量限制器 WTZ-A（300）

149

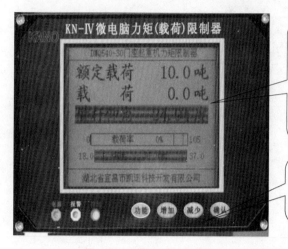

图 5.1-5　kN-IV 微电脑力矩（荷载）限制器

起重机力矩限制器应灵敏可靠。功能同起重量限制器。当起重力矩大于相应工况下的额定值并小于该额定值的110%应切断上升和幅度增大方向的电源，但机构可作下降和减小幅度方向的运动

对于最大起重力矩大于63t·m的塔机，最大臂长组合时最大幅度处起重量不应该小于1000kg

2）行程限位装置

根据不同的起重设备安装不同的行程限制装置，且必须灵敏可靠，如图 5.1-6～图 5.1-8 所示。

要求：应安装起升高度限位器，起升高度限位器的安全越程应符合规范要求，并应灵敏可靠
目的：起升高度限位器用于防止在吊钩提升或下降时可能出现的操作失误

图 5.1-6　行程限位器

行程开关：各种行程开关均应灵敏可靠。1.当为小车变幅的塔式起重机应安装小车行程开关；2.当为动臂变幅的塔式起重机应安装臂架幅度限制开关；3.当为回转部分不设集电器的塔式起重机应安装回转限位器；4.行走式塔式起重机应安装行走限位器

图 5.1-7　系列行程开关

3）保护装置

保护装置包括缓冲器、止挡装置、断绳保护及断轴保护装置、风速仪、障碍指示灯等。详细说明见图 5.1-9～图 5.1-11。

图 5.1-8 回转限位开关

图 5.1-9 缓冲器、止挡装置、断轴保护器

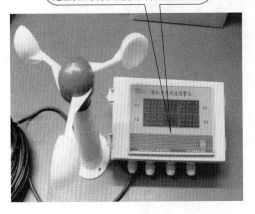

图 5.1-10 风速仪

图 5.1-11 障碍指示灯

4）吊钩、滑轮、卷筒与钢丝绳

吊钩、滑轮、卷筒与钢丝绳等的有关规定见图 5.1-12～图 5.1-14。

5）多塔作业应遵循相关的规定

规定如图 5.1-15 和图 5.1-16 所示。

6）安拆、验收与使用应该遵循以下规定

① 安装、拆卸单位应具有起重设备安装工程专业承包资质和安全生产许可证，如图 5.1-17 和图 5.1-18 所示。

图 5.1-12 吊钩

吊钩应安装钢丝绳防脱钩装置并应完好可靠，吊钩的磨损、变形应在规定允许范围内

图 5.1-13 滑轮

滑轮应安装钢丝绳防脱装置并应完好可靠，滑轮的磨损应在规定允许范围内

图 5.1-14 钢丝绳、卷筒

钢丝绳的磨损、变形、锈蚀应在规定允许范围内，钢丝绳的规格、固定、缠绕应符合说明书及规范要求。钢丝绳运动中接触的结构面不应有尖角。钢丝绳偏离卷筒轴垂直平面的角度不大于1.5°

卷筒应安装钢丝绳防脱装置并应完好可靠，钢丝绳与绳轮的摩擦系数不超过0.10

图 5.1-15 多塔作业（一）

规定：1.多塔作业应制订专项施工方案并经过审批；其目的是保证任意两台塔式起重机不发生触碰，确保安全 2.任意两台塔式起重机之间的最小架设距离应符合规范要求

第5章 塔式起重机、起重吊装与施工机具

图 5.1-16　多塔作业（二）

② 安装、拆卸应制订专项施工方案，并经过审核、审批。
③ 安装完毕应履行验收程序，验收表格应由责任人签字确认。
④ 安装、拆卸作业人员及司机、指挥应持证上岗。
⑤ 塔式起重机作业前应按规定进行例行检查，并应填写检查记录。
⑥ 实行多班作业、应按规定填写交接班记录。

图 5.1-17　企业资质证书　　　　图 5.1-18　安全生产许可证

（4）塔式起重机一般项目的检查评定应符合下列规定
1）附着塔式起重机
自升附着塔式起重机可分为两类，外部附着式和内爬式塔式起重机，如图 5.1-19 和图 5.1-20 所示。
2）基础与轨道

图 5.1-19　附着塔式起重机

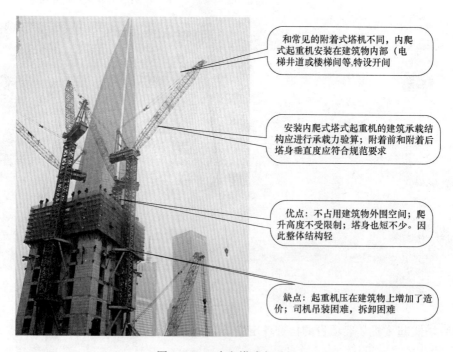

图 5.1-20　内爬塔式起重机

基础与轨道如图 5.1-21 和图 5.1-22 所示。

3）结构设施

结构设施如图 5.1-23 所示。

图 5.1-21 基础与轨道（一）　　　　图 5.1-22 基础与轨道（二）

图 5.1-23 起重机塔节、爬梯等

4）电气安全（图 5.1-24）

图 5.1-24 塔式起重机电气部分

塔式起重机与架空线路的安全距离是指塔式起重机的任何部位与架空线路边线的最小距离，见表 5.1-1。当安全距离小于表 5.1-1 规定时必须按规定采取有效的防护措施。

塔式起重机与架空线路边线的最小安全距离　　　　表 5.1-1

安全距离(m)	电压(kV)				
	<1	1~15	20~40	60~110	220
沿垂直距离	1.5	3.0	4.0	5.0	6.0
沿水平方向	1.0	1.5	2.0	4.0	6.0

塔式起重机检查评分表见表 5.1-2。

塔式起重机检查评分表　　　　　　表 5.1-2

序号	检查项目		扣分标准	应得分数	扣减分数	实得分数
1	保证项目	荷载限制装置	未安装起重量限制器或不灵敏,扣 10 分 未安装力矩限制器或不灵敏,扣 10 分	10		
2		行程限位装置	未安装起升高度限位器或不灵敏,扣 10 分 起升高度限位器的安全越程不符合规范要求,扣 6 分 未安装幅度限位器或不灵敏,扣 10 分 回转不设集电器的塔式起重机未安装回转限位器或不灵敏,扣 6 分 行走式塔式起重机未安装行走限位器或不灵敏,扣 10 分	10		
3		保护装置	小车变幅的塔式起重机未安装断绳保护及断轴保护装置,扣 8 分 行走及小车变幅的轨道行程末端未安装缓冲器及止挡装置或不符合规范要求,扣 4~8 分 起重臂根部绞点高度大于 50m 的塔式起重机未安装风速仪或不灵敏,扣 4 分 塔式起重机顶部高度大于 30m 且高于周围建筑物未安装障碍指示灯,扣 4 分	10		
4		吊钩、滑轮、卷筒与钢丝绳	吊钩未安装钢丝绳防脱钩装置或不符合规范要求,扣 10 分 吊钩磨损、变形达到报废标准,扣 10 分 滑轮、卷筒未安装钢丝绳防脱装置或不符合规范要求,扣 4 分 滑轮及卷筒磨损达到报废标准,扣 10 分 钢丝绳磨损、变形、锈蚀达到报废标准,扣 10 分 钢丝绳的规格、固定、缠绕不符合产品说明书及规范要求,扣 5~10 分	10		
5		多塔作业	多塔作业未制定专项施工方案或施工方案未经审批,扣 10 分 任意两台塔式起重机之间的最小架设距离不符合规范要求,扣 10 分	10		
6		安拆、验收与使用	安装、拆卸单位未取得专业承包资质和安全生产许可证,扣 10 分 未制定安装、拆卸专项方案,扣 10 分 方案未经审核、审批,扣 10 分 未履行验收程序或验收表未经责任人签字,扣 5~10 分 安装、拆卸人员及司机、指挥未持证上岗,扣 10 分 塔式起重机作业前未按规定进行例行检查或未填写检查记录,扣 4 分 实行多班作业未按规定填写交接班记录,扣 3 分	10		
		小　计		60		

续表

序号	检查项目		扣分标准	应得分数	扣减分数	实得分数
7	一般项目	附着	塔式起重机高度超过规定未安装附着装置,扣10分 附着装置水平距离不满足产品说明书要求,未进行设计计算和审批,扣8分 安装内爬式塔式起重机的建筑承载结构未进行承载力验算,扣8分 附着装置安装不符合产品说明书及规范要求,扣5~10分 附着前和附着后塔身垂直度不符合规范要求,扣10分	10		
8		基础与轨道	塔式起重机基础未按产品说明书及有关规定设计、检测、验收,扣5~10分 基础未设置排水措施,扣4分 路基箱或枕木铺设不符合产品说明书及规范要求,扣6分 轨道铺设不符合产品说明书及规范要求,扣6分	10		
9		结构设施	主要结构件的变形、锈蚀不符合规范要求,扣10分 平台、走道、梯子、护栏的设置不符合规范要求,扣4~8分 高强度螺栓、销轴、紧固件的紧固、连接不符合规范要求,扣5~10分	10		
10		电气安全	未采用TN-S接零保护系统供电,扣10分 塔式起重机与架空线路安全距离不符合规范要求,未采取防护措施,扣10分 防护措施不符合规范要求,扣5分 未安装避雷接地装置,扣10分 避雷接地装置不符合规范要求,扣5分 电缆使用及固定不符合规范要求,扣5分	10		
	小计			40		
	检查项目合计			100		
	检查人员					
	整改措施(整改时间及责任人)					
	复查意见					

5.2 起重吊装

起重吊装检查评定应符合现行国家标准《起重机械安全规程》GB 6067 的规定。

（1）起重吊装的识别

起重吊装如图 5.2-1 和图 5.2-2 所示。

图 5.2-1 起重吊装（一）

图 5.2-2 起重吊装（二）

（2）起重吊装检查评定项目

起重吊装检查评定项目包括保证项目和一般项目（图 5.2-3）。

保证项目：应包括施工方案、起重机械、钢丝绳与地锚、索具、作业环境、作业人员

一般项目应包括：起重吊装、高处作业、构件码放、警戒监护

图 5.2-3 起重吊装检查项目

（3）起重吊装保证项目的检查评定项应符合下列规定

1）施工方案

施工方案如图 5.2-4 和图 5.2-5 所示。

2）起重机械

起重机械如图 5.2-6 和图 5.2-7 所示。

3）钢丝绳与地锚

如图 5.2-8 所示。

4）索具：钢丝绳、绳夹等

如图 5.2-9 和图 5.2-10 所示。

第5章 塔式起重机、起重吊装与施工机具

施工方案遵循：1.起重吊装作业应编制专项施工方案，并按规定进行审核、审批。2.超规模的起重吊装作业，应组织专家对专项施工方案进行论证

图 5.2-4　起重吊装（一）

专家论证：采用起重拔杆等非常规起重设备且单件起重量超过10t时，专项施工方案应经专家论证

图 5.2-5　起重吊装（二）

1.起重机械应按规定安装荷载限制器及行程限位装置
2.荷载限制器、行程限位装置应灵敏可靠

注意：对于荷载限制器，当荷载达到额定起重量的95%时，限制器宜低用

图 5.2-6　起重机械

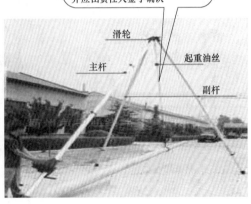

1.起重拔杆组装应符合设计要求
2.起重拔杆组装后应进行验收，并应由责任人签字确认

滑轮
起重油丝
主杆
副杆

图 5.2-7　起重拔杆

钢丝绳：
1.钢丝绳磨损、断丝、变形、锈蚀应在规范允许范围内
2.钢丝绳规格应符合起重机产品说明书要求

吊钩、卷筒、滑轮、起重拔杆：
1.吊钩、卷筒、滑轮磨损应在规范允许范围内且均应安装钢丝绳防脱装置
2.起重拔杆的缆风绳、地锚设置应符合设计要求

图 5.2-8　钢丝绳、吊钩、起重拔杆

图 5.2-9 钢丝绳

当采用编结连接时，编结长度不应小于15倍的绳径，且不应小于300mm

当采用绳夹连接时，绳夹规格应与钢丝绳相匹配，绳夹数量、间距应符合规范要求

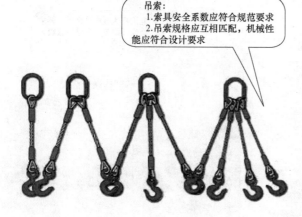

吊索：
1. 索具安全系数应符合规范要求
2. 吊索规格应互相匹配，机械性能应符合设计要求

图 5.2-10 绳夹

5）作业环境

① 起重机行走、作业处地面承载能力应符合产品说明书要求；

② 起重机与架空线路安全距离应符合规范要求。

③ 起重机严禁越过无防护设施的外电架空线路作业。在外电架空线路附近吊装时，起重机的任何部位或被吊物边缘在最大偏斜时与架空线路路边的最小安全距离应符合表 5.2-1 要求。

6）作业人员

① 起重机司机应持证上岗，操作证应与操作机型相符。

② 起重机作业应设专职信号指挥和司索人员，一人不得同时兼顾信号指挥和司索作业。

③ 作业前应按规定进行技术交底，并应有交底记录。

起重机与架空线路边线的最小安全距离　　　　表 5.2-1

安全距离(m)	电压(kV)						
	<1	10	35	110	220	330	500
沿垂直距离	1.5	3.0	4.0	5.0	6.0	7.0	8.5
沿水平方向	1.5	2.0	3.5	4.0	6.0	7.0	8.5

（4）起重吊装一般项目的检查评定应符合下列规定

1）起重吊装规定

如图 5.2-11 和图 5.2-12 所示。

2）高处作业

如图 5.2-13 和图 5.2-14 所示。

第 5 章 塔式起重机、起重吊装与施工机具

图 5.2-11 多台起重机吊装（一）

图 5.2-12 多台起重机吊装（二）

图 5.2-13 高处作业平台、爬梯、护栏

图 5.2-14 高处作业悬挂点

3) 构件码放

如图 5.2-15 所示。

图 5.2-15 构件码放

161

4) 警戒监护

① 应按规定设置作业警戒区，如图 5.2-16 所示。

② 警戒区应设专人监护，如图 5.2-17 所示。

图 5.2-16　起重吊装-警戒区

图 5.2-17　起重吊装-监护

起重吊装检查评分表见表 5.2-2。

起重吊装检查评分表　　　　表 5.2-2

序号	检查项目		扣分标准	应得分数	扣减分数	实得分数
1	保证项目	施工方案	未编制专项施工方案或专项施工方案未经审核、审批，扣 10 分 超规模的起重吊装专项施工方案未按规定组织专家论证，扣 10 分	10		
2		起重机械	未安装荷载限制装置或不灵敏，扣 10 分 未安装行程限位装置或不灵敏，扣 10 分 起重拔杆组装不符合设计要求，扣 10 分 起重拔杆组装后未履行验收程序或验收表无责任人签字，扣 5～10 分	10		
3		钢丝绳与地锚	钢丝绳磨损、断丝、变形、锈蚀达到报废标准，扣 10 分 钢丝绳规格不符合起重机产品说明书要求，扣 10 分 吊钩、卷筒、滑轮磨损达到报废标准，扣 10 分 吊钩、卷筒、滑轮未安装钢丝绳防脱装置，扣 5～10 分 起重拔杆的缆风绳、地锚设置不符合设计要求，扣 8 分	10		
4		索具	索具采用编结连接时，编结部分的长度不符合规范要求，扣 10 分 索具采用绳夹连接时，绳夹的规格、数量及绳夹间距不符合规范要求，扣 5～10 分 索具安全系数不符合规范要求，扣 10 分 吊索规格不匹配或机械性能不符合设计要求，扣 5～10 分	10		
5		作业环境	起重机行走作业处地面承重能力不符合产品说明书要求或未采用有效加固措施，扣 10 分 起重机与架空线路安全距离不符合规范要求，扣 10 分	10		
6		作业人员	起重机司机无证操作或操作证与操作机型不符，扣 5～10 分 未设置专职信号指挥和司索人员，扣 10 分 作业前未按规定进行安全技术交底或交底未形成文字记录，扣 5～10 分	10		

续表

序号	检查项目		扣分标准	应得分数	扣减分数	实得分数
7	一般项目	起重吊装	多台起重机同时起吊一个构件时,单台起重机所承受的荷载不符合专项施工方案要求,扣10分 吊索系挂点不符合专项施工方案要求,扣5分 起重机作业时起重臂下有人停留或吊运重物从人的正上方通过,扣10分 起重机吊具载运人员,扣10分 吊运易散落物件不使用吊笼,扣6分	10		
8		高处作业	未按规定设置高处作业平台,扣10分 高处作业平台设置不符合规范要求,扣5~10分 未按规定设置爬梯或爬梯的强度、构造不符合规范要求,扣5~8分 未按规定设置安全带悬挂点,扣8分	10		
9		构件码放	构件码放荷载超过作业面承载能力,扣10分 构件码放高度超过规定要求,扣4分 大型构件码放无稳定措施,扣8分	10		
10		警戒监护操作工	未按规定设置作业警戒区,扣10分 警戒区未设专人监护,扣5分	10		
	检查项目合计			100		
	检查人员					
	整改措施(整改时间及责任人)					
	复查意见					

5.3 施工机具

施工机具检查评定应符合现行行业标准《建筑机械使用安全技术规程》JGJ 33 和《施工现场机械设备检查技术规程》JGJ 160 的规定。

5.3.1 常用施工机械识别

见图 5.3-1。

5.3.2 施工机具检查评定项目

施工机具检查评定项目应包括11项,它们是平刨、圆盘锯、手持电动工具、钢筋机

图 5.3-1 常用施工机械

械、电焊机、搅拌机、气瓶、翻斗车、潜水泵、振捣器、桩工机械。

5.3.3 施工机具的检查评定应符合的规定

（1）平刨

见图 5.3-2 和图 5.3-3。

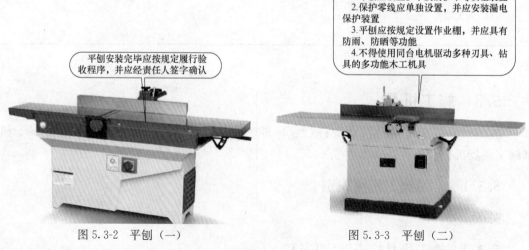

图 5.3-2 平刨（一）　　　　　图 5.3-3 平刨（二）

（2）圆盘锯

见图 5.3-4 和图 5.3-5。

第 5 章　塔式起重机、起重吊装与施工机具

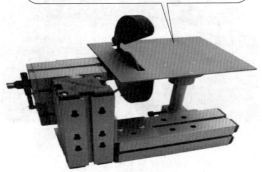

1. 圆盘锯安装完毕应按规定履行验收程序，并应经责任人签字确认
2. 圆盘锯应设置防护罩、分料器、防护挡板等安全装置
3. 保护零线应单独设置，并应安装漏电保护装置
4. 不得使用同台电机驱动多种刃具、钻具的多功能木工机具

图 5.3-4　圆盘锯

圆盘锯应按规定设置作业棚，并应具有防雨、防晒等功能。

图 5.3-5　木工加工棚

（3）手持电动工具

见图 5.3-6 和图 5.3-7。

使用 I 类手持电动工具应按规定戴绝缘手套、穿绝缘鞋

I 类手持电动工具应单独设置保护零线，并应安装漏电保护装置

图 5.3-6　打夯机

手持电动工具的电源线应保持出厂时的状态，不得接长使用

图 5.3-7　打磨机

（4）钢筋机械

见图 5.3-8 和图 5.3-9。

（5）电焊机

见图 5.3-10 和图 5.3-11。

（6）搅拌机

见图 5.3-12 和图 5.3-13。

（7）气瓶

见图 5.3-14 和图 5.3-15。

（8）翻斗车

见图 5.3-16。

165

图 5.3-8 钢筋加工棚-钢筋机械（一）
（标注：钢筋机械安装完毕应按规定履行验收程序，并应经责任人签字确认；钢筋加工区应搭设作业棚，并应具有防雨、防晒等功能）

图 5.3-9 钢筋加工棚-钢筋机械（二）
（标注：保护零线应单独设置，并应安装漏电保护装置；钢筋冷拉作业应按规定设置防护栏；机械传动部位应设置防护罩）

图 5.3-10 电焊机（一）
（标注：电焊机安装完毕应按规定履行验收程序，并应经责任人签字确认；对焊机作业应设置防火花飞溅的隔离设施；电焊机应设置防雨罩，接线柱应设置防护罩）

图 5.3-11 电焊机（二）
（标注：1.保护零线应单独设置，并应安装漏电保护装置 2.电焊机应设置二次空载降压保护装置；电焊机一次线长度不得超过5m，并应穿管保护；二次线应采用防水橡皮护套铜芯软电缆）

图 5.3-12 搅拌机（一）
（标注：搅拌机安装完毕应按规定履行验收程序，应经责任人签字确认；1.保护零线应单独设置，并应安装漏电保护装置 2.离合器、制动器应灵敏有效，料斗钢丝绳的磨损、锈蚀、变形量应在规定允许范围内）

图 5.3-13 搅拌机（二）
（标注：1.料斗应设置安全挂钩或止挡装置，传动部位应设置防护罩 2.搅拌机应按规定设置作业棚，并应具有防雨、防晒等功能）

图 5.3-14 气瓶（一）

图 5.3-15 气瓶（二）

（9）潜水泵

见图 5.3-17。

图 5.3-16 翻斗车

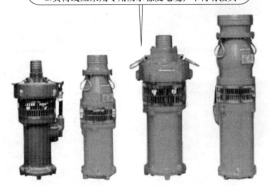

图 5.3-17 潜水泵

（10）振捣器

见图 5.3-18 和图 5.3-19。

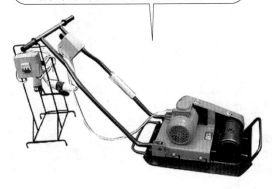

图 5.3-18 振捣器（一）

图 5.3-19 振捣器（二）

167

(11) 桩工机械

见图 5.3-20 和图 5.3-21。

1. 桩工机械安装完毕应按规定履行验收程序,并应经责任人签字确认
2. 作业前应编制专项方案,并应对作业人员进行安全技术交底

1. 桩工机械应按规定安装安全装置,并应灵敏可靠
2. 机械作业区域地面承载力应符合机械说明书要求
3. 机械与输电线路安全距离应符合现行行业标准《施工现场临时用电安全技术规范》JGJ 46的规定

图 5.3-20　桩工机械（一）　　　图 5.3-21　桩工机械（二）

施工机具检查评分表见表 5.3-1。

施工机具安全检查评分表　　　　　表 5.3-1

序号	检查项目	扣分标准	应得分数	扣减分数	实得分数
1	平刨	平刨安装后未履行验收程序,扣5分 未设置护手安全装置,扣5分 传动部位无防护罩,扣5分 未做保护接零或未设置漏电保护器的,扣10分 未设置安全作业棚,扣6分 使用多功能木工机具,扣10分	10		
2	圆盘电锯	圆盘踞安装后未履行验收程序,扣5分 未设置锯盘护罩、分料器、防护挡板安全装置和传动部位未设置防护罩,每处扣3分 未做保护接零或无漏电保护器,扣10分 未设置安全作业棚,扣6分 使用多功能木工机具,扣10分	10		
3	手持电动工具	I类手持电动工具无保护接零或未设置漏电保护器,扣8分 使用I类手持电动工具不按规定穿戴绝缘用品,扣6分 手持电动工具随意接长电源线,扣4分	10		
4	钢筋机械	机械安装后未履行验收程序,扣5分 未做保护接零或无漏电保护器,扣10分 钢筋加工区未设置作业棚,钢筋对焊作业区未采取防止火花飞溅措施或冷拉作业区未设置防护栏板,每处扣5分 传动部位未设置防护罩,扣5分	10		

续表

序号	检查项目	扣分标准	应得分数	扣减分数	实得分数
5	电焊机	电焊机安装后未履行验收程序,扣5分 未做保护接零或无漏电保护器,扣10分 未设置二次空载降压保护器,扣10分 一次线长度超过规定或不穿管保护,扣3分 二次线未采用防水橡皮护套铜芯软电缆,扣10分 二次线长度超过规定或绝缘层老化,扣3分 电焊机未设置防雨罩或接线柱未设置防护罩,扣5分	10		
6	搅拌机	搅拌机安装后未履行验收程序,扣5分 未做保护接零或未设置漏电保护器,扣10分 离合器、制动器、钢丝绳达不到规定要求,每项扣5分 上料斗未设置安全挂钩或止挡装置,扣5分 传动部位未设置防护罩,扣4分 未设置安全作业棚,扣6分	10		
7	气瓶	气瓶未安装减压器,扣8分 乙炔瓶未安装回火防止器,扣8分 气瓶间距小于5m,或距明火小于10m未采取隔离措施,扣8分 气瓶未设置防振圈和防护帽,扣2分 气瓶存放不符合要求,扣4分	8		
8	翻斗车	翻斗车制动、转向装置不灵敏,扣5分 驾驶员无证操作,扣8分 行车载人或违规行车,扣8分	8		
9	潜水泵	未作保护接零或未设置漏电保护器,扣6分 负荷线未使用专用防水橡皮电缆,扣6分 负荷线有接头,扣3分	6		
10	振捣器	未作保护接零或未设置漏电保护器,扣8分 未使用移动式配电箱,扣4分 电缆线长度超过30m,扣4分 操作人员未穿戴绝缘防护用品,扣8分	8		
11	桩工机械	机械安装后未履行验收程序,扣10分 作业前未编制专项施工方案或未按规定进行安全技术交底,扣10分 安全装置不齐全或不灵敏,扣10分 机械作业区域地面承载力不符合规定要求或未采取有效硬化措施,扣12分 机械与输电线路安全距离不符合规范要求,扣12分	10		
	检查项目合计		100		

第6章 模板施工

为贯彻我国安全生产的方针和政策，模板工程施工中要做到安全生产、技术先进、经济合理、方便适用。《建筑施工模板安全技术规范》JGJ 162—2008 规范适用于建筑施工中现浇混凝土工程模板体系的设计、制作、安装和拆除。进行模板工程的设计和施工时宜优先采用定型化、标准化的模板支架和模板构件。减少制作、安装工作量，提高重复使用率。

6.1 模板体系材料选用

6.1.1 术语

（1）面板

直接接触新浇混凝土的承力板，并包括拼接的板和加肋楞带板。见图6.1-1。

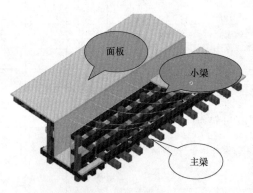

图6.1-1 面板、小梁、主梁

（2）小梁

直接支承面板的小型楞梁，又称次楞或次梁。工程现场中又名次龙骨。见图6.1-1。

（3）主梁

直接支承小楞的结构构件，又称主楞。一般采用钢、木梁或刚桁架。工程现场中又名主龙骨。见图6.1-1。

（4）早拆模体系

在模板支架立柱的顶端，采用柱头的特殊构造装置来保证国家现行规范所规定的拆模原则下，达到早期拆除部分模板的体系。见图6.1-2。

（5）支架（体系）

支撑面板用的楞梁、立柱、连接件、斜撑、剪刀撑和水平拉条等构件的总称。见图6.1-2。

（6）连接件

面板与楞梁的连接、面板自身的拼接、支架结构自身的连接和其中二者相互间连接所用的零配件。包括卡销、螺栓、扣件、卡具、拉杆等。见图6.1-3。

（7）支架立柱

直接支承主楞的受压结构构件，又称支撑柱、立柱。见图6.1-2。

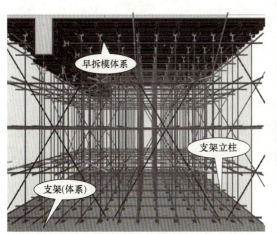
图 6.1-2 早拆模体系、支架立柱、支架

图 6.1-3 连接件

6.1.2 几种模板施工模型介绍

1. 一般模板模型

一般模板模型采用的是木模或者大钢模或者木模钢模的组合。

（1）钢模板根据浇筑的外形分为：护栏钢模板、抱箍钢模板、梯形梁钢模板、墩柱钢模板、平模钢模板、箱梁钢模板、圆柱钢模板。大钢模见图 6.1-4。

（2）木模板由面板和支撑体系组成，面板是混凝土成形的部分。见图 6.1-5。

图 6.1-4 大钢模

图 6.1-5 木摸

综合大钢模和木模的优缺点，现场常常采用大钢模加木模的组合形式，来降低成本，提高混凝土成活效果。

2. 滑动模板施工

滑动模板施工是指以滑模千斤顶、电动提升机或手动提升器为提升动力，带动模板（滑框）沿着混凝土（或模板）表面滑动而成型的现场混凝土结构的施工方法的总称。滑模模板的结构示意图及优缺点详见图 6.1-6。

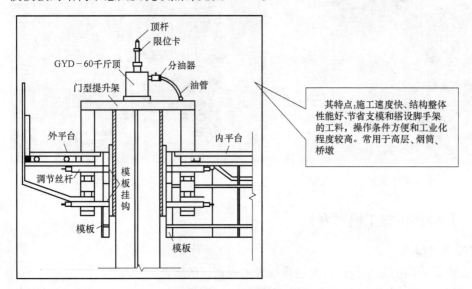

图 6.1-6　滑模模板结构示意图

3. 爬模

是以建筑物的钢筋混凝土墙体为支承主体，通过附着于已完成的钢筋混凝土墙体上的爬升支架或大模板，利用连接爬升支架与大模板的爬升设备，使一方固定，另一方作相对运动，交替向上爬升，以完成模板的爬升、下降、就位和校正等工作。爬模结构示意图、效果图详见图 6.1-7、图 6.1-8。

4. 飞模

飞模是一种大型工具式模板，主要由平台板、支撑系统（包括梁、支架、支撑、支腿等）和其他配件（如升降和行走机构等）组成。由于其可借助起重机械，从已浇好的楼板下吊运飞出转移到上层重复使用，故称飞模，又因其外形如桌，故又称桌模或台模。见图 6.1-9 和图 6.1-10。

5. 隧道模

它是一种组合式定型模板，用以同时浇筑墙体和楼板混凝土的模板，因这种模板的外形像隧道，故称之为隧道模。隧道模分全隧道模和半隧道模，但半隧道模较为常见，

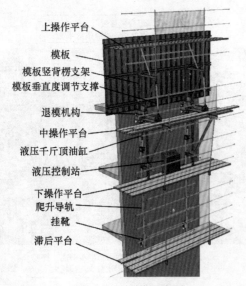

图 6.1-7　爬模示意图

隧道模见图 6.1-11，隧道模组装部件见图 6.1-12。

图 6.1-8 爬模效果图

图 6.1-9 飞模示意图

图 6.1-10 飞模现场效果图

6.1.3 模板体系材料选用

应根据模板体系的重要性、荷载特征、连接方法等不同情况，选用适合的钢材型号和材性。其目的是保证模板结构的承载能力，防止在一定条件下出现脆性破坏。

优点：与常用的组合钢模板相比，可节省一半的劳动力，工期缩短1/2以上。缺点：采用隧道模施工对建筑结构布局和房间的开间、层高等尺寸要求较严格

图 6.1-11　隧道模组装模型（半隧道模）　　　图 6.1-12　隧道模部件展示

1. 模板钢材

（1）模板钢材质量规范

对于模板的支架宜优先选用钢材，且宜采用 Q235 钢和 Q345 钢，且不得使用有严重锈蚀、弯曲、压扁及裂纹的钢管。比如使用常见的：市政小钢模及大钢模板等。钢材、钢铸件等必须符合国家的相关规范。

（2）模板使用条件限制

在以下条件下，不能使用 Q235 沸腾钢：当温度低于－20℃承受静力荷载的受弯及受拉的承重结构或构件；工作温度等于或低于－30℃的所有承重结构或构件。

（3）材料进场时必须有合格证

对承重结构采用的钢材应具有抗拉强度、伸长率、屈服强度和硫、磷含量的合格保证，对焊接结构尚应具有碳含量的合格保证。另外，对于当结构工作温度不高于－20℃时，对 Q235 钢和 Q345 钢应具有 0℃冲击韧性的合格保证；对 Q390 钢和 Q420 钢应具有－20℃冲击韧性的合格保证。

图 6.1-13　大钢模-角模

（4）代表钢材模板

伴随着改革开放，我国的钢铁工业得到飞速的发展，由于我国钢产量的增长、高层住宅工程的兴起，"小钢模"技术得到了迅速地发展。钢模代表见图 6.1-13 和图 6.1-14。

2. 冷弯薄壁型钢

用于承重模板结构的冷弯薄壁型钢的带钢或钢板，应采用符合《碳素结构钢》GB/T 700规定的 Q235 和《低合金高强度结构钢》GB/T 1591 规定的 Q345 钢。

焊条和连接件材料必须符合现行国家标准规定。另外当 Q235 钢和 Q345 钢相焊接时，宜采用与 Q235 钢相适应的焊条。而对于焊条型号，则应选择与主体结构金属力学性能相适应的。

在冷弯薄壁型钢模板结构设计图中和材料订货文件中，应注明所采用钢材的牌号和质量等级、供货条件及连接材料的型号（或钢材的牌号）。必要时尚应注明对钢材所要求的机械性能和化学成分的附加保证项目。

图 6.1-14　大钢模—模板组块

3. 木材的选用

模板结构或构件的树种应根据各地区实际情况、经济合理性选择物美价廉且有质量保证的材料，不得使用有腐朽、霉变、虫蛀、折裂、枯节的木材。

根据模板结构设计应当根据受力种类和用途选择相应的木材材质等级（表 6.1-1）。具体参见《木结构设计规范》GB 50005，若需要对模板结构或构件木材的强度进行测试验证时，也应按现行国家标准《木结构设计规范》GB 50005 的检验标准进行。

模板结构或构件的木材材质等级　　　　　　表 6.1-1

项　次	主　要　用　途	材　质　等　级
1	受拉或拉弯构件	I_a
2	受弯或压弯构件	II_a
3	受压构件	III_a

图 6.1-15　铝合金模板群示意图

4. 铝合金材

它是采用纯铝加入锰、镁等合金元素构成的铝合金型材，作为建筑模板结构或构件，应符合国家现行标准《铝及铝合金型材》YB 1703 的规定。其缺点是材料截面选型不利于计算。铝合金模板安装分为钢片连接和高拉力螺栓连接。铝合金模板见图 6.1-15。

5. 竹、木胶合模板材

胶合模板板材表面应平整光滑，具有防水、耐磨、耐酸碱的保护膜，并有保温性能好、易脱模和可以两面使用等特点。板材厚度不应小于 12mm。进场的胶合模板除应具有出厂质量合格证外，还应保证外观及尺寸合格。除此之外，竹胶合模板技术性能符合《混凝土模板用胶合板》

ZBB 70006 的规定。

木胶合板通常由 5、7、9、11 等奇数层单板（薄木片）经热压固化而胶合成型（厚度一般为 9~18mm），相邻层的纹理方向相互垂直。且竹胶合板是以毛竹材料作主要架构和填充材料，经高压成坯的建材。见图 6.1-16 和图 6.1-17。

图 6.1-16　木胶合板

图 6.1-17　木胶合板

6. 塑料与玻璃钢模板

塑料与玻璃钢模板重量轻，强度较高，但价格贵，常用于现浇"密肋楼盖"中做"模壳"。模板见图 6.1-18 和图 6.1-19。

图 6.1-18　塑料与玻璃钢模板块

图 6.1-19　塑料与玻璃钢模板整体效果图

7. 钢框塑料面板的大模板

钢框塑料面板的大模板见图 6.1-20。

6.1.4　建筑施工中常见的支模形式展示

1. 普通模板——门架支模

门架支模要点解读见图 6.1-21。

2. 普通模板—碗扣架支模

碗扣件支模要点解读见图 6.1-22。

3. 普通模板—盘扣架支模

盘扣式脚手架是一种具有自锁功能的直插式新型钢管脚手架。也称为轮扣式脚手架。

见图 6.1-23。

图 6.1-20 钢框塑料面板的大模板

图 6.1-21 门架支模

图 6.1-22 碗扣架支模

图 6.1-23 普通模板—盘扣架支模

4. 飞模

飞模是一种大型工具式模板，它是借助起重机械从已浇筑完混凝土的楼板下吊运飞出转移到上层而达到重复使用。见图 6.1-24。

图 6.1-24 飞模

特点：一次组装多次使用；减少临时场地。缺点：适用范围受限，适用于现浇现浇板柱结构（无柱帽）等大开间的情况

常见的三种飞模：立柱式飞模；桁架式飞模；悬架式飞模

5. 爬模

爬模特点：施工速度快；便于控制外模的垂直度和平整度还有外观，所以施工的工程质量好；避免周转材料和场地影响，所以节约成本。见图 6.1-25 和图 6.1-26。

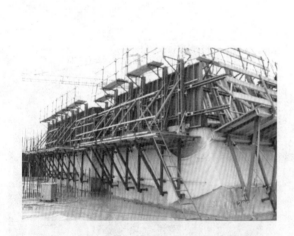

图 6.1-25 爬模（塔吊提升和液压自爬升）

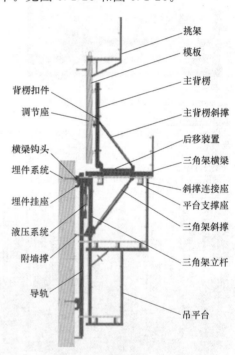

图 6.1-26 液压自爬升模型图

6.1.5 荷载

1. 恒荷载

（1）模板及其支架自重标准值（G_{1k}）应根据模板设计图纸计算确定。肋形或无梁楼板模板自重标准值应按表 6.1-2 采用。

(2) 新浇筑混凝土自重标准值（G_{2k}），对普通混凝土可采用 24kN/m³（图 6.1-27），其他混凝土可根据实际重力密度按《建筑施工模板安全技术规范》JGJ 162—2008 中附表 A 确定。

楼板模板自重标准值（kN/m²）　　　　　表 6.1-2

模板构件的名称	木模板	定型组合钢模板
平板的模板及小梁	0.30	0.50
楼板模板（其中包括梁的模板）	0.50	0.75
楼板模板及其支架（楼层高度为4m以下）	0.75	1.10

注：除钢、木外，其他材质模板重量见《建筑施工模板安全技术规范》JGJ 162—2008 附录 A。

(3) 钢筋自重标准值（G_{3k}）应根据工程设计图确定。对一般梁板结构每立方米钢筋混凝土的钢筋自重标准值：楼板可取 1.1kN；梁可取 1.5kN。

(4) 当采用内部振捣器时，新浇筑的混凝土作用于模板的最大侧压力标准值（G_{4k}）可按下列公式计算，并取其中的较小值：

$$F=0.22\gamma_c t_0 \beta_1 \beta_2 V^{\frac{1}{2}} \tag{6-1}$$

$$F=\gamma_c H \tag{6-2}$$

式中　F——新浇筑混凝土对模板的最大侧压力（kN/m²）；

γ_c——混凝土的重力密度（kN/m³）；

V——混凝土的浇筑速度（m/h）；

t_0——新浇混凝土的初凝时间（h），可按试验确定，当缺乏试验资料时，可采用 $t_0=200/(T+15)$（T 为混凝土的温度，℃）；

β_1——外加剂影响修正系数，不掺外加剂时取 1.0，掺具有缓凝作用的外加剂时取 1.2；

β_2——混凝土坍落度影响修正系数，当坍落度小于 30mm 时，取 0.85；坍落度为 50~90mm 时，取 1.00；坍落度为 110~150mm；取 1.15；

H——混凝土侧压力计算位置处至新浇混凝土顶面的总高度（m），混凝土侧压力的计算 $h=F/\gamma_c$，h 为有效压头高度。

2. 活荷载（含取值）

在混凝土浇筑过程中存在的活荷载：施工人员及设备荷载标准值（Q_{1k}）；振捣混凝土时产生的荷载标准值（Q_{2k}）；倾倒混凝土时，对垂直面模板产生的水平荷载标准值（Q_{3k}）。见图 6.1-28。

(1) 施工人员及设备荷载标准值（Q_{1k}）见图 6.1-29。

① 当计算模板和直接支承模板的小梁时，均布活荷载可取 2.5kN/m²，再用集中荷载 2.5kN 进行验算，比较两者所得的弯矩值取其大值；

图 6.1-27　混凝土浇筑现场

② 当计算直接支承小梁的主梁时，均布活荷载标准值可取 1.5kN/m²；

③ 当计算支架立柱及其他支承结构构件时，均布活荷载标准值可取 1.0kN/m²。

注：1. 对大型浇筑设备，如上料平台、混凝土输送泵等按实际情况计算；若采用布料机上料进行浇筑混凝土时，活荷载标准值取 4kN/m²。见图 6.1-30 和图 6.1-31。

2. 混凝土堆积高度超过 100mm 以上者按实际高度计算。

3. 模板单块宽度小于 150mm 时，集中荷载可分布于相邻的两块板面上。

图 6.1-28　混凝土输送泵

图 6.1-29　支模荷载取值图

（2）振捣混凝土时产生的荷载标准值（Q_{2k}），对水平面模板可采用 2kN/m²，对垂直面模板可采用 4kN/m²（作用范围在新浇筑混凝土侧压力的有效压头高度之内）。

（3）倾倒混凝土时，对垂直面模板产生的水平荷载标准值（Q_{3k}）可按表 6.1-3 数据采用。

倾倒混凝土时产生的水平荷载标准值（kN/m²）　　表 6.1-3

向槽内模板供料方法	水平荷载
溜槽、串筒或导管	2
容量小于 0.2m³ 的运输器具	2
容量为 0.2～0.8m³ 的运输器具	4
容量大于 0.8 的运输器具	6

注：作用范围在有效压头高度内。

3. 风荷载

风荷载标准值应按现行国家标准《建筑结构荷载规范》GB 50009 中的规定计算，其中基本风压值应按《建筑施工模板安全技术规范》JGJ 162—2008 附表 D.4 中 $n=10$ 年的规定采用，并取风振系数 $\beta_z=1$。

4. 荷载设计值

计算荷载设计值时应该遵循以下约定：

（1）计算模板及支架结构或构件的强度、稳定性和连接强度时，应采用荷载设计值（荷载标准值乘以荷载分项系数）。

（2）计算正常使用极限状态的变形时，应采用荷载标准值。

（3）钢面板及支架作用荷载设计值可乘以系数 0.95 进行折减。当采用冷弯薄壁型钢时，其荷载设计值不应折减。

（4）凡是荷载效应对结构都不利，荷载分项系数如表 6.1-4 所示。

图 6.1-30 布料机上料进行浇筑混凝土

图 6.1-31 荷载过重后垮塌现场

荷载分项系数　　　　　　　　　　表 6.1-4

荷载类别	分项系数 γ_i
模板及支架自重（G_{1k}）	永久荷载的分项系数： （1）当其效应对结构不利时：对由可变荷载效应控制的组合，应取 1.2；对由永久荷载效应控制的组合，应取 1.35。 （2）当其效应对结构有利时：一般情况应取 1；对结构的倾覆、滑移验算，应取 0.9。
新浇筑混凝土自重（G_{2k}）	
钢筋自重（G_{3k}）	
新浇筑混凝土对模板侧面的压力（G_{4k}）	
施工人员及施工设备荷载（Q_{1k}）	可变荷载的分项系数：一般情况下应取 1.4；对标准值大于 $4kN/m^2$ 的活载应取 1.3
振捣混凝土时产生的荷载（Q_{2k}）	
倾倒混凝土时产生的荷载（Q_{3k}）	
风荷载（ω_k）	1.4

6.2 模板设计计算、构造与安装

6.2.1 模板设计的一般规定

模板及其支架的设计应根据：工程结构形式、荷载大小、地基土类别、施工设备和材料等条件进行。

1. 模板及其支架的设计应符合的规定

（1）模板及支架应具有足够的承载能力、刚度和稳定性，应能可靠得承受新浇筑混凝土的自重、侧压力和施工过程中所产生的荷载及风荷载。

（2）构造应简单，装拆方便，便于钢筋的绑扎、安装和混凝土的浇筑、养护等要求。

（3）混凝土梁的施工应采用从跨中向两端对称进行分层浇筑，且每层厚度不得大于400mm。

（4）当验算模板及其支架在自重和风荷载作用下的抗倾覆稳定性时，应符合相应材质结构设计规范的规定。

2. 模板设计应包括的内容

（1）根据混凝土的施工工艺和季节性施工措施，确定其构造和所承受的荷载。

（2）绘制配板设计图、支撑设计布置图、细部构造和异型模板大样图。梁支撑布置图见图6.2-1和板支撑布置图见图6.2-2。

（3）按模板承受荷载的最不利组合对模板进行验算。

（4）制定模板安装及拆除的程序和方法。

（5）编制模板及配件的规格、数量汇总表和周转使用计划。

（6）编制模板施工安全、防火技术措施及施工说明书。

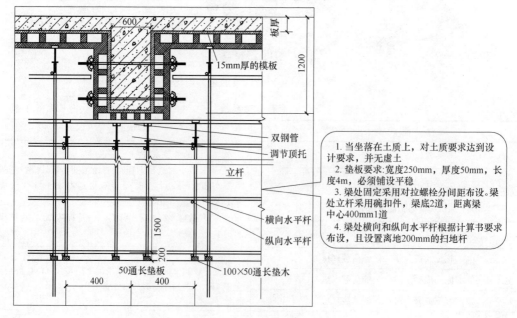

图 6.2-1 梁支撑布置图

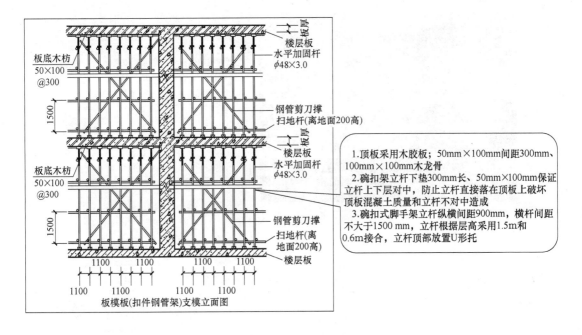

图 6.2-2 板支撑布置图

3. 模板设计中应注意的问题

(1) 梁混凝土施工由跨中向两端对称分层浇筑,每层厚度不得大于 400mm。

(2) 当门架使用可调支座时,调节螺杆伸出长度不得大于 150mm,碗扣架调节螺杆伸出长度不得大于 200mm。见图 6.2-3 和图 6.2-4。

图 6.2-3 架模板系统

图 6.2-4 碗扣件模板系统

6.2.2 现浇混凝土模板计算

在编制现浇混凝土模板计划书时要遵循一定原则才能确保在现场支模时保证模板稳定性、强度。见图 6.2-5~图 6.2-8。

图 6.2-5 混凝土支撑面板

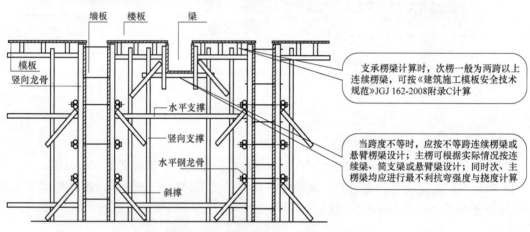

图 6.2-6 模板连接、支撑构造

图 6.2-7 柱模-对拉螺栓

6.2.3 模板安装构造一般规定

1. 模板安装前的安全技术准备工作

（1）应审查模板结构设计与施工说明书中的荷载、计算方法、节点构造和安全措施，设计审批手续应齐全。

图 6.2-8 柱模

（2）应进行全面的安全技术交底，操作班组应熟悉设计与施工说明书，并应做好模板安装作业的分工准备。采用爬模、飞模、隧道模等特殊模板施工时，所有参加作业人员必须经过专门技术培训，考核合格后方可上岗。

（3）应对模板和配件进行挑选、检测，不合格者应剔除，并应运至工地指定地点堆放。

（4）备齐操作所需的一切安全防护设施和器具。

2. 模板安装构造应遵守的规定

（1）模板在安装构造过程中应当遵循一些规定，详见图 6.2-9 和图 6.2-10。

（2）加立柱的满堂脚手架施工前后稳定性、强度都很好，满足要求。详见图 6.2-11 和图 6.2-12。

（3）现浇钢筋混凝土梁、板，当跨度大于 4m 时，模板应起拱；当设计无具体要求时，起拱高度宜为全跨长度的 1/1000～3/1000。

（4）现浇多层或高层房屋和构筑物，安装上层模板及其支架应符合下列规定：

图 6.2-9 钢管、碗扣件混用

① 下层楼板应具有承受上层施工荷载的承载能力，否则应加设支撑支架；上层支架立柱应对准下层支架立柱，并应在立柱底铺设垫板。见图6.2-13。

竖向模板和支架立柱支承部分安装在基土上时，应加设垫板，垫板应有足够强度和支承面积，且应中心承载。基土应坚实，并应有排水措施。对湿陷性黄土应有防水措施；对特别重要的结构工程可采用混凝土、打桩等措施防止支架柱下沉。对冻胀性土应有防冻融措施

图6.2-10　脚手架垫板

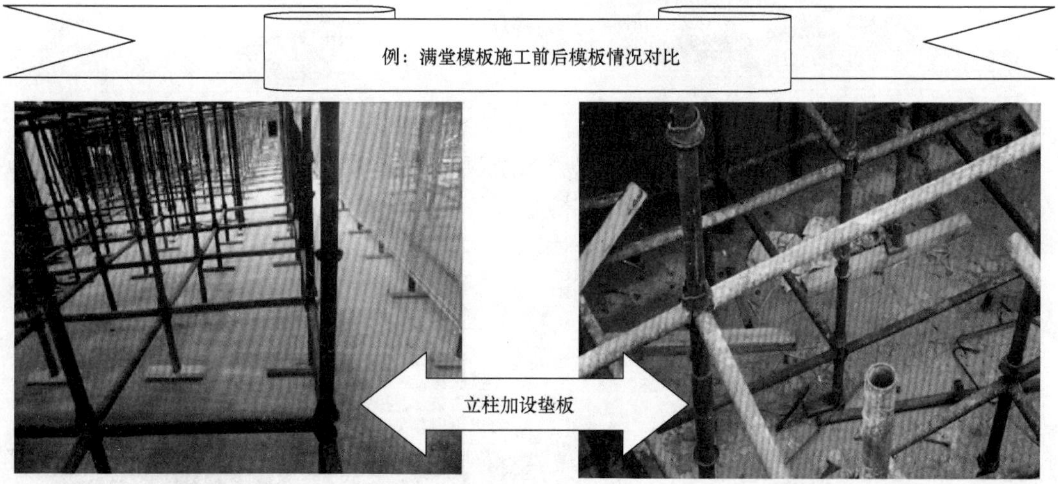

例：满堂模板施工前后模板情况对比

立柱加设垫板

图6.2-11　施工前效果　　　　　　　图6.2-12　施工后效果

上下层立柱对准

图6.2-13　现浇多层模板支架

② 当采用悬臂吊模、桁架支模方法时，其支撑结构的承载能力和刚度必须符合设计构造要求。

（5）当层间高度大于5m时，应选用桁架支模或钢管立柱支模。当层间高度小于或等于5m时，可采用木立柱支模。见图6.2-14。

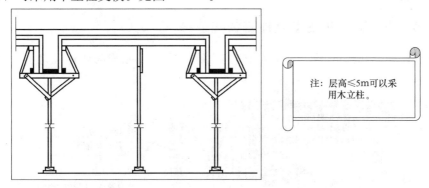

图 6.2-14　木立柱支模体系

（6）对于梁和板的立柱，其板立柱和梁立柱的关系：纵横向间距应相等或者成倍数。见图6.2-15和图6.2-16。

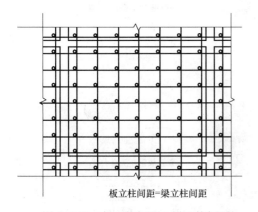

图 6.2-15　板立柱间距＝梁立柱间距

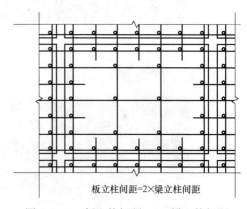

图 6.2-16　板立柱间距＝2×梁立柱间距

① 对水平杆定尺的门架、碗扣架和盘扣架，其支架立杆间距能做到纵横向相等或成倍数，满足强条要求（图6.2-17）。

图 6.2-17　门架、碗扣件排布现场

图 6.2-18　钢管排架现场

② 对面广量大的扣件钢管排架，其支架立杆间距要满足强条有难度，通常与柱网尺寸有关，改为"宜纵横向相等或成倍数"（图 6.2-18）。

6.2.4 支撑梁、板支架立柱安装构造

（1）对碗扣架和盘扣架，其支架立杆底部一般设置可调底座，底部有钢板。见图 6.2-19。

图 6.2-19 碗扣件和盘扣架

（2）对门架立柱见图 6.2-20。

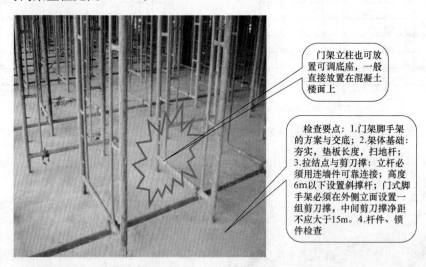

图 6.2-20 门架立柱

（3）可调托座和可调底座主要应用在门架、碗扣架和盘扣架，长度为 600mm，插入架管后门架外露不超过 150mm，碗扣架外露不超过 200mm。见图 6.2-21。

（4）钢管立柱底部应设垫木和底座，顶部应设可调支托，U 形支托与楞梁两侧间如有间隙，必须楔紧，其螺杆伸出钢管顶部不得大于 200mm，螺杆外径与立柱钢管内径的间隙不得大于 3mm，安装时应保证上下同心（图 6.2-22）。

（5）当模板安装高度超过 3.0m 时，必须搭设脚手架，除操作人员外，脚手架下不得站其他人。钢管立柱底部设垫木。

图 6.2-21 可调托座和可调底座

1. 可调底座和可调托座长度为600mm
2. 插入架管后门架外露不超过150mm，碗扣架外露不超过200mm

图 6.2-22 可调托座丝扣外露要求

1. 楔紧间隙
2. 外露长度控制：插入架管后门架外露不超过150mm；碗扣架外露不超过200mm。螺杆外径与立杆内径的间隙不得大于3mm

（6）案例：满堂模板支撑见图 6.2-23～图 6.2-25。

图 6.2-23 满堂模板支撑

1. 在立柱底距地面200mm高处，沿纵横水平方向应按纵下横上的程序设扫地杆。碗扣架不能做到离地200mm设置扫地杆
2. U形支托伸出钢管顶部不得大于200mm，螺杆外径与立柱钢管内径的间隙不得大于3mm，螺杆与立柱保证上下同心。可调支托底部的立柱顶端应沿纵横向设置一道水平拉杆
3. 扫地杆与顶部水平拉杆之间的间距，在满足模板设计所确定的水平拉杆步距要求条件下，进行平均分配确定步距后，在每一步距处纵横向应各设一道水平拉杆

（7）另外，支撑梁、板的支架立柱安装，当层高在8～20m时，在最顶步距两水平拉杆中间应加设一道水平拉杆；当层高大于20m时，在最顶两步距水平拉杆中间应分别增

加一道水平拉杆。所有水平拉杆的端部均应与四周建筑物顶紧顶牢。无处可顶时，应于水平拉杆端部和中部沿竖向设置连续式剪刀撑。

图 6.2-24　满堂模板支撑现场

图 6.2-25　满堂架顶部水平杆

注意：扣件钢管架能做到立杆顶端设置水平拉杆。碗扣架不能做到立杆顶端设置水平拉杆，但能做到顶部缩小水平杆间距（从步高1200缩到600mm）

1. 搭设示意图展示

对于碗扣件和钢管支撑根据建筑物楼层高度不同而设置不同的搭设方法，具体详见图（图 6.2-26～图 6.2-29）。

（1）正常搭设。

（2）顶步距两水平拉杆中间加设一道水平拉杆。

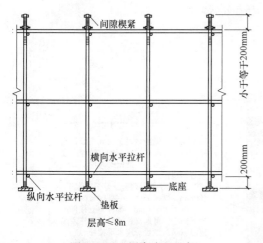

图 6.2-26　层高在 8m 内

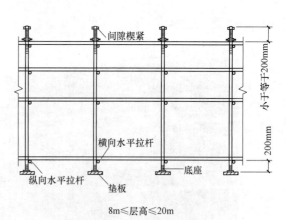

图 6.2-27　层高 8 到 20m

（3）最顶两步距水平拉杆中间应分别增加一道水平拉杆。

（4）钢管搭接。

2. 吊运模板注意事项

（1）吊运模板时应检查绳索、卡具、模板上的吊环，必须完整有效，在升降过程中应设专人指挥，统一信号，密切配合。

（2）吊运大块或整体模板时，竖向吊运不应少于两个吊点，水平吊运不应少于四个吊点。

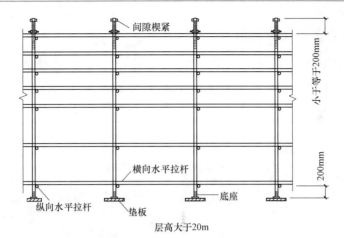

图 6.2-28　层高大于等于 20m

图 6.2-29　钢管搭接

（3）5 级风及其以上应停止一切吊运作业。

① 吊运模板时应检查绳索、卡具、模板上的吊环设专人指挥，竖向吊运不应少于两个吊点（图 6.2-30）。

② 水平吊运不应少于四个吊点（图 6.2-31）。

图 6.2-30　模板吊运（一）

图 6.2-31　模板吊运（二）

6.2.5 支架立柱安装构造

采用伸缩式桁架时,其搭接长度不得小于500mm,上下弦连接销钉规格、数量应按设计规定,并应采用不少于两个U形卡或钢销钉销紧,两U形卡距或销距不得小于400mm。见图6.2-32~图6.2-34。

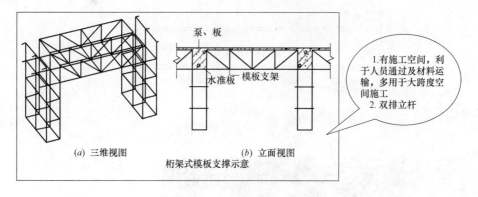

图 6.2-32 桁架式模板支撑

图 6.2-33 桁架伸缩节

图 6.2-34 桥梁支架-桁架支撑

6.2.6 立柱支撑安装

(1) 工具式立柱支撑立柱(图6.2-35)。

(2) 木立柱宜选用整料,当不能满足要求时,立柱的接头不宜超过1个,并应采用对接夹板接头方式。立柱底部可采用垫块垫高,但不得采用单码砖垫高,垫高高度不得超过300mm。

(3) 当仅为单排木立柱时,应于单排立柱的两边每隔3m加设斜支撑,且每边不得少于两根,斜支撑与地面的夹角应为60°。

(4) 当采用扣件钢管作为立柱支撑时:

① 钢管规格、间距、扣件应符合设计要求。

② 每根立柱底部应设置底座及垫板,垫板厚度不得小于50mm。

③ 当立柱底部不在同一高度时,高处的纵向扫地杆应向低处延长不少于两跨,高低差不得大于1m,立柱距边坡上方边缘不得小于0.5m。(图6.2-36)。

图 6.2-35 工具式立柱支撑

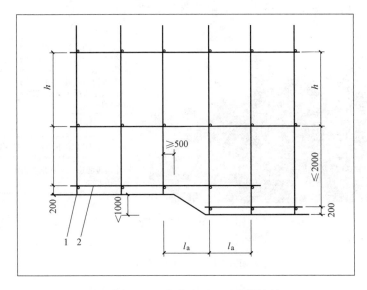

图 6.2-36 立柱高度不一时支撑情况

④ 扣件式钢管作立柱时立柱接长严禁搭接，且还需要遵循其他的一些规定（图 6.2-37）。

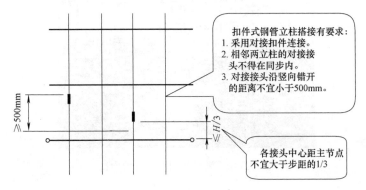

图 6.2-37 扣件式立柱布置

193

图 6.2-38 扣件式钢管布置

⑤ 扣件式钢管作立柱时，严禁将上段的钢管立柱与下段钢管立柱错开固定于水平拉杆上。见图 6.2-38。

案例分析：南京高架桥施工，下部为碗扣架，上部为扣件钢管架，采用搭接方式。规范试验说明，对接方式比搭接的承载力高 2.14 倍。所以规范强条规定立柱接长严禁搭接，必须采用对接扣件连接。(图 6.2-39)。

（5）满堂模板和共享空间模板支架立柱，在外侧周圈应设由下至上的竖向连续式剪刀撑；中间在纵横向应每隔 10m 左右设由下至上的竖向连续式的剪刀撑，其宽度宜为 4~6m，并在剪刀撑部位的顶部、扫地杆处设置水平剪刀撑。剪刀撑杆件的底端应与地面顶紧，夹角宜为 45°~60°。见图 6.2-40~图 6.2-42。

立杆上的对接扣件应交错布置：两根相邻立杆的接头不应设置在同步内，同步内隔一根立杆的两个相隔接头在高度方向错开的距离不宜小于500mm；各接头中心至主节点的距离不宜大于步距的1/3

搭接长度不应小于1m，应采用不少于2个旋转扣件固定，端部扣件盖板的边缘至杆端距离不应小于100mm

图 6.2-39 立杆对接图

周圈应设由下至上的竖向连续式剪刀撑

图 6.2-40 满堂架周圈布置剪力撑

当建筑层高在 8~20m 时，除应满足上述规定外，还应在纵横向相邻的两竖向连续式剪刀撑之间增加之字斜撑，在有水平剪刀撑的部位，应在每个剪刀撑中间处增加一道水平剪刀撑。当建筑层高超过 20m 时，在满足以上规定的基础上，应将所有"之"字斜撑全部改为连续式剪刀撑。见图 6.2-43～图 6.2-46。

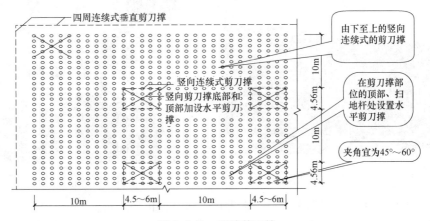

图 6.2-41　连续剪刀撑

图 6.2-42　水平剪刀撑

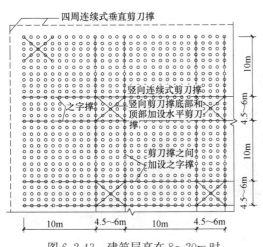

图 6.2-43　建筑层高在 8～20m 时

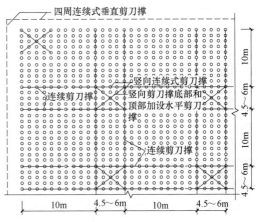

图 6.2-44　建筑层高在大于 20m 时

图 6.2-45 "之"字剪刀撑

图 6.2-46 连续剪刀撑

(6) 当采用碗扣式钢管脚手架作立柱支撑，应遵循以下规定。

① 立杆应采用长 1.8m 和 3.0m 的立杆错开布置，严禁将接头布置在同一水平高度。

② 碗扣式钢管脚手架立杆底座应采用大钉固定于垫木上。立杆立一层，即将斜撑对称安装牢固，不得漏加，也不得随意拆除。

③ 碗扣式钢管脚手架横向水平杆应双向设置，间距不得超过 1.8m。

(7) 当采用标准门架做为支撑遵循以下规定（图 6.2-47 和图 6.2-48）。

① 门架的跨距和间距应按设计规定布置，间距宜小于 1.2m；支撑架底部垫木上应设固定底座或可调底座。

② 门架支撑可沿梁轴线垂直和平行布置，在两门架间的两侧应设置交叉支撑。

③ 当门架支撑宽度为 4 跨及以上或 5 个间距及以上时，应在周边底层、顶层、中间每 5 列、5 排于每门架立杆跟部设 $\phi 48mm \times 3.5mm$ 通长水平加固杆，并应采用扣件与门架立杆扣牢。

④ 门架支撑高度超过 8m 时，剪刀撑不应大于 4 个间距，并应采用扣件与门架立杆扣牢。

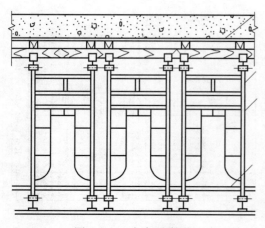

图 6.2-47 门架示意图

图 6.2-48 门架现场图

6.2.7 普通模板安装构造

1. 基础及地下工程模板

① 距基槽（坑）上口边缘 1m 内不得堆放模板。

② 当基坑深度超过 2m 时，操作人员应设梯上下。

③ 斜支撑与侧模的夹角不应小于 45°，支于土壁的斜支撑应加设垫板。

2. 柱模板

① 现场拼装柱模时，应适时地按设临时支撑进行固定，斜撑与地面的倾角宜为 60°，严禁将大片模板系于柱子钢筋上。

② 待四片柱模就位组拼经对角线校正无误后，应立即自下而上安装柱箍。

③ 柱模校正（用四根斜支撑或用连接在柱模顶四角带花篮螺丝的揽风绳，底端与楼板钢筋拉环固定进行校正）后，应采用斜撑或水平撑进行四周支撑，以确保整体稳定。当高度超过 4m 时，应群体或成列同时支模，并应将支撑连成一体，形成整体框架体系。当需单根支模时，柱宽大于 500mm 应每边在同一标高上设不得少于两根斜撑或水平撑。斜撑与地面的夹角宜为 45°～60°，下端尚应有防滑移的措施。图片展示见图 6.2-49 和图 6.2-50。

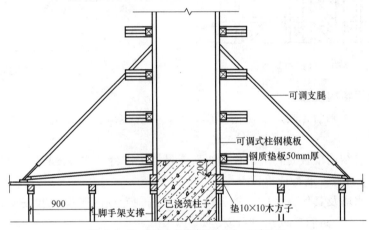

图 6.2-49 柱子支模斜撑 45°～60°设置

图 6.2-50 柱模的斜撑或水平撑

3. 墙模板

(1) 墙模板内外支撑必须坚固、可靠，应确保模板的整体稳定。见图 6.2-51。

(2) 当墙模板外面无法设置支撑时，应于里面设置能承受拉和压的支撑。多排并列且间距不大的墙模板，当其支撑互成一体时，应有防止浇筑混凝土时引起邻近模板变形的措施，见图 6.2-52。

(3) 对拉螺栓与墙模板应垂直，松紧应一致，墙厚尺寸应止内墙双面设置支撑及对拉螺栓保证模板不变形（图 6.2-51）。

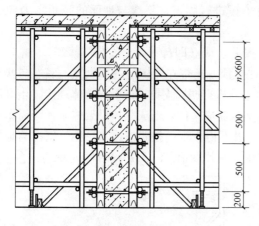

图 6.2-51 内墙双侧支模

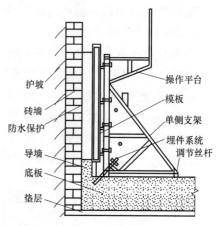

图 6.2-52 墙体单侧支模

4. 其他常用结构模板

① 安装圈梁、阳台、雨篷及挑檐等模板时，其支撑应独立设置，不得支搭在施工脚手架上（图 6.2-53）。

② 安装悬挑结构模板时，应搭设脚手架或悬挑工作台，并应设置防护栏杆和安全网。作业处的下方不得有人通行或停留（图 6.2-54）。

③ 烟囱、水塔及其他高大构筑物的模板，应编制专项施工设计和安全技术措施，并应详细地向操作人员进行交底后方可安装。

图 6.2-53 工业大棚模板支撑

图 6.2-54 飘窗板支模

6.2.8 爬升模板安装构造

爬升模板安装构造应该遵循以下规则，爬模模型见图 6.2-55。

① 爬升模板验收：爬升模板系统中的大模板、爬升支架、爬升设备、脚手架及附件等，应按施工组织设计及有关图纸验收，合格后方可使用。

② 爬升模板安装时，应统一指挥，设置警戒区与通信设施。

③ 爬升模板的安装顺序应为底座、立柱、爬升设备、大模板。

④ 爬升时，作业人员应站在固定件上，不得站在爬升件上爬升，爬升过程中应防止晃动与扭转。

⑤ 大模板爬升时，新浇混凝土的强度不应低于达到 $1.2N/mm^2$。支架爬升时的附墙架穿墙螺栓受力处的新浇混凝土强度应达到 $10N/mm^2$ 以上。

⑥ 爬模的外附脚手架或悬挂脚手架应满铺脚手板，脚手架外侧应设防护栏杆和安全网。爬架底部亦应满铺脚手板和设置安全网（图 6.2-56）。

图 6.2-55 爬模模型

图 6.2-56 爬模悬挂脚手架

6.2.9 飞模板安装构造

（1）飞模的制作组装必须全部按设计图进行，且安装前应进行一次试压和试吊，检验确认各部件无隐患。

（2）飞模起吊时，应在吊离地面 0.5m 后停下，待飞模完全平衡后再起吊（图 6.2-57）。吊装应使用安全卡环，不得使用吊钩。

（3）飞模就位后，应立即在外侧设置防护栏，其高度不得小于 1.2m，外侧应另加设安全网，同时应设置楼层护栏（图 6.2-58），并应准确、牢固地搭设好出模操作平台。

（4）飞模出模时，下层应设安全网，且飞模每运转一次后应检查各部件的损坏情况，同时应对所有的连接螺栓重新进行紧固。

图 6.2-57 飞模现场图

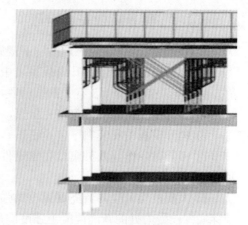

图 6.2-58 飞模模型

6.2.10 隧道模安装构造

（1）组装好的半隧道模应按模板编号顺序吊装就位，并应将两个半隧道模顶板边缘的角钢用连接板和螺栓进行连接。

（2）合模后应采用千斤顶升降模板的底沿，按导墙上所确定的水准点调整到设计标高，并应采用斜支撑和垂直支撑调整模板的水平度和垂直度，再将连接螺栓拧紧。

（3）山墙作业平台规定：每个山墙作业平台的长度不应超过 7.5m，且不应小于 2.5m，并应在端头分别增加外挑 1.5m 的三角平台。作业平台外周边应设安全护栏和安全网。

6.3 模板拆除及安全管理、案例分析

6.3.1 模板拆除程序和要求

1. 模板拆除程序（图 6.3-1）

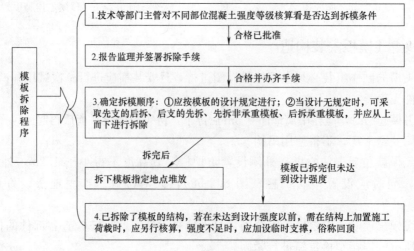

图 6.3-1 模板拆除程序

2. 模板拆除要求

模板拆除要求要点见图 6.3-2。

当混凝土未达到规定强度或已达到设计规定强度时，如需提前拆模或承受部超设计荷载时，必须经过计算和技术主管确认其强度能足够承受此荷载后，方可拆除

对不承重模板的拆除应能保证混凝土表面及棱角不受损伤。对承重模板的拆除要有同条件养护试块的试压报告，≤8m的梁板结构，强度要≥75%方可拆模；>8m的梁板和悬臂结构，强度要达到100%方可拆模

图 6.3-2 墙体拆模和飘窗板拆模

另外，后张预应力混凝土结构的侧模宜在施加预应力前拆除，底模应在施加预应力后拆除。设计有规定时，应按规定执行。

6.3.2 模板拆除

1. 支架立柱拆除

（1）当拆除 4～8m 跨度的梁下立柱时，应先从跨中开始，对称地分别向两端拆除。拆除时，严禁采用连梁底板向旁侧一片拉倒的拆除方法。

（2）当立柱的水平拉杆超出 2 层时，应首先拆除 2 层以上的拉杆。当拆除最后一道水平拉杆时，应和拆除立柱同时进行（图 6.3-3）。

水平拉杆超2层，应先拆除2层以上的水平拉杆

图 6.3-3 水平拉杆

（3）当拆除 4～8m 跨度的梁下立柱时，应先从跨中开始，对称地分别向两端拆除，严禁采用连梁底板向旁侧一片拉倒的拆除方法。

2. 普通模板拆除

（1）拆除条形基础、杯形基础、独立基础或设备基础的模板时，模板和支撑杆件等应随拆随运，不得在离槽（坑）上口边缘 1m 以内堆放。

（2）柱模拆除 应分别采用分散拆和分片拆两种方法（图 6.3-4）。

① 其分散拆除的顺序应为：拆除拉杆或斜撑、自上而下拆除柱箍或横楞、拆除竖楞、自上而下拆除配件及模板、运走分类堆放、清理、拔钉、钢模维修、刷防

锈油或脱模剂、入库备用。

② 分片拆除的顺序应为：拆除全部支撑系统、自上而下拆除柱箍及横楞、拆掉柱角 U 形卡、分二片或四片拆除模板、原地清理、刷防锈油或脱模剂、分片运至新支模地点备用。

（3）拆除墙模

拆除墙模顺序应为：拆除斜撑或斜拉杆、自上而下拆除外楞及对拉螺栓、分层自上而下拆除木楞或钢楞及零配件和模板、运走分类堆放、拔钉清理或清理检修后刷防锈油或脱模剂、入库备用。

3. 爬升模板拆除

（1）拆除爬模应有拆除方案，且应由技术负责人签署意见，拆除前应向有关人员进行安全技术交底后，方可实施。

（2）拆除时应设专人指挥，严禁交叉作业。拆除顺序应为：悬挂脚手架和模板、爬升设备、爬升支架。见图 6.3-5。

图 6.3-4　柱模

图 6.3-5　爬模

4. 飞模拆除

飞模在拆除的过程中要遵循一定规定，详见图 6.3-6。

图 6.3-6　飞模现场

5. 隧道模拆除

（1）隧道模拆除遵循的规定参见图 6.3-7。

第 6 章 模板施工

图 6.3-7 隧道模拆除

（2）拆除隧道模应按图 6.3-8 的顺序进行。

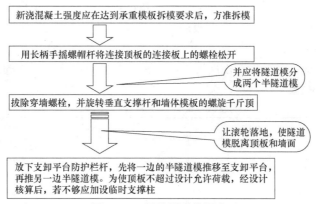

图 6.3-8 拆除隧道模顺序

6.3.3 安全管理

1. 安全管理措施要点

安全管理措施要点：加强专项施工方案编制，编制人员具有较强的理论基础及施工经验，方案需满足规范要求并符合工程实际。高大支撑体系需经技术、安全、质量等部门会审，并按要求组织有关专家论证。加强模板工程支撑体系的基础处理、搭设材料验收、杆件间距检查、安全防护设施等验收控制。严格控制混凝土浇筑顺序，并加强浇筑时的支撑监测工作。

2. 安全项目检查

（1）从事模板作业的人员，应经常组织安全技术培训。从事高处作业人员，应定期体检，不符合要求的不得从事高处作业，操作人员应配戴安全帽、系安全带、穿防滑鞋。

（2）模板工程应编制施工设计和安全技术措施，并严格按照技术要求施工，针对满堂模板、建筑层高 8m 及以上和梁跨大于或等于 15m 的模板，在安装、拆除作业前，工程技术人员应以书面形式向作业班组进行施工操作的安全技术交底。

203

(3) 施工过程中应经常对图 6.3-9 所示项目进行检查。

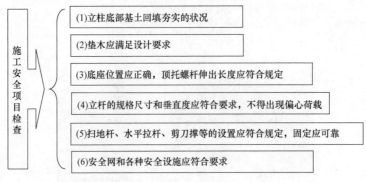

图 6.3-9　施工安全项目检查

(4) 脚手架或操作平台上临时堆放的模板不宜超过 3 层，连接件应放在箱盒或工具袋中，不得散放在脚手板上。

(5) 对负荷面积大和高 4m 以上的支架立柱采用扣件式钢管、门式和碗扣式钢管脚手架时，除应有合格证外，对所用扣件应用扭矩扳手进行抽检。

(6) 施工用的临时照明和行灯的电压不得超过 36V；若为满堂模板、钢支架及特别潮湿的环境时，不得超过 12V；当钢模板高度超过 15m 时，应安设避雷设施，避雷设施的接地电阻不得大于 4Ω。

钢模板在由于安装、拆除、使用等过程中由于受损超出质量标准的范围则需要对其进行修复，并进行验收。

钢模板及配件修复后的质量标准　　　　　　表 6.3-1

	项目	允许偏差(mm)		项目	允许偏差(mm)
钢结构	板面局部不平度	≤2.0	钢模板	板面锈皮麻面，背面粘混凝土	不允许
	板面翘曲矢高	≤2.0		孔洞破裂	不允许
	板侧凸棱面翘曲矢高	≤1.0	零配件	U 形卡卡扣残余变形	≤1.2
	板肋平直度	≤2.0		钢楞及支柱长度方向弯曲度	≤L/1000
	焊点脱焊	不允许	桁架	侧向平直段	≤2.0

6.3.4　案例分析

1. 高、大支模的合理界定

(1) 依据《危险性较大的分部分项工程安全管理办法》（建质[2009]87 号）文件规定：混凝土模板支撑工程：搭设高度 8m 及以上、搭设跨度 18m 及以上、施工总荷载 15kN/m² 及以上、集中线荷载 20kN/m 及以上的混凝土模板支撑工程须编制安全专项方案组织专家论证。

(2) 依据《建筑施工模板安全技术规范》JGJ 162—2008 中荷载取值和荷载组合进行核算，确定板厚在 0.35m 及以上、梁截面在 0.55m² 及以上、搭设高度 8m 及以上、搭设跨度 18m 及以上均属于高、大模板支撑范围内。

2. 案例现场

(1) 案例一：某模板支架整体倒塌事故。

现场照片见图 6.3-10～图 6.3-14。

双向井式屋盖平面尺寸：24m×26.8m，大梁 500 高，长度 1600～1850mm 钢管扣件排架支模，梁底支模高度约为 36m（地下室两层）。

图 6.3-10 案例现场（事故现场 300 多吨倒塌的钢管堆积如山）

有问题的搭接见图 6.3-11～图 6.3-14。

图 6.3-11 搭接问题（一）　　　　图 6.3-12 搭接问题（二）

图 6.3-13 搭接问题（三）

图 6.3-14 搭接问题（四）

(2) 案例二：某工地模板支撑整体坍塌。

现场照片见图 6.3-15～图 6.3-19。

图 6.3-15 案例现场（一）

图 6.3-16 案例现场（二）

图 6.3-17 案例现场（三）　　　　　　图 6.3-18 案例现场（四）

原因分析：

1) 该支模系统整体坍塌的直接原因为南北向水平杆仅搭设所需用量的 30%，造成 50% 的立杆长细比过大，整体支承刚度严重不足而发生整体坍塌。

2) 构造处理：该支架搭设不规范，查看现场无扫地杆、无剪刀撑、未与东西向主体结构有效拉结，造成该高支模架承载能力下降。

3) 工程管理：无专门施工方案、无计算书、无专家论证、无书面交底、无搭设验收。

（3）案例三：某地下室顶板模板支架倒塌事故——板下立杆每步水平杆单向交叉设置，该地下室顶板厚400，柱帽处厚1000，地下两层，负一层支模高度为6m。

事故现场照片见图6.3-20～图6.3-23。

图 6.3-19 案例现场（五）

图 6.3-20 案例现场（一）

图 6.3-21 案例现场（二）

图 6.3-22 案例现场（三）

图 6.3-23 案例现场（四）

（4）案例四：某会所模板支架坍塌事故——高度不高，但立杆上的水平钢管极少设置。

现场照片见图6.3-24、图6.3-25。

图6.3-24 案例现场（一）　　　　图6.3-25 案例现场（二）

（5）案例五：某大厅堂顶板模板支架垮塌事故。某高大厅堂顶盖模板支架在浇筑接近完成时发生整体垮塌，酿成死亡8人、伤21人的重大伤亡事故。

现场照片见图6.3-26～图6.3-28。

图6.3-26 案例现场（一）

原因分析：

1）模板支架立杆顶部伸出长度过大是造成本次事故的主要原因。

2）调查发现现场模板支架搭设质量很差：如个别节点无扣件连接、扣件螺栓拧紧扭力矩普遍不足、立杆搭接或支撑于水平杆上、缺少剪刀撑、步距超长等。

3）现场搭设模板支架中使用的钢管杆件、扣件、顶托等材料存在质量缺陷，是事故产生的原因之一。

图 6.3-27 案例现场（二）

图 6.3-28 案例现场（三）

6.4 总结

（1）支模方案概述清楚：高大支模区域部位交待清楚，采用何种支模交待清楚，大梁下或厚板下基本排架尺寸交待清楚。

（2）必须有支模"四图"：高支模排架的平面布置图，高支模排架的剖面布置图，高支模的大梁下或厚板下的局部模板支架构造详图，高支模与四周结构拉结做法详图。

（3）必须有支模的计算书，排架的立杆稳定性计算。

（4）重视方案交底。

（5）顶部立杆上的双向水平杆均不能少，底部立杆上的扫地杆不可少，架体必须与四周以施工完毕的竖向混凝土结构进行可靠拉结。

第7章 建筑施工消防平面布置

7.1 建筑施工消防平面布置

7.1.1 术语

1. 临时用房

在施工现场建造的,为建设工程施工服务的各种非永久性建筑物,包括办公用房、宿舍、厨房操作间、食堂、锅炉房、发电机房、变配电房、库房等。见图 7.1-1、图 7.1-2。

图 7.1-1 施工现场临时用房(一)　　图 7.1-2 施工现场临时用房(二)

2. 临时设施

在施工现场建造的,为建设工程施工服务的各种非永久性设施,包括围墙、大门、临时道路,见图 7.1-3、图 7.1-4。

3. 临时消防设施

设置在建设工程施工现场,用于扑救施工现场火灾、引导施工人员安全疏散等各类消防设施,包括灭火器、临时消防给水系统、消防应急照明、疏散指示标识、临时疏散通道等,见图 7.1-5、图 7.1-6。

第7章 建筑施工消防平面布置

> 1. 施工区、生活区围墙在市区一般不低于2.5m，其他地方一般不低于1.8m
> 2. 彩钢板围挡高度不宜超过2.5m，立柱间距不宜大于3.6m，围挡应进行抗风计算

> 材料堆场及其加工场、固定动火作业场、作业棚、机具棚、贮水池及临时给排水、供电、供热管线等

图 7.1-3　施工现场围挡

图 7.1-4　施工现场木工防护棚

> 灭火器的报废年限：
> 灭火器从出厂日期算起，达到如下年限的，必须报废：
> 手提式化学泡沫灭火器——5年；
> 手提式酸碱灭火器——5年；
> 手提式清水灭火器——6年；
> 手提式干粉灭火器（贮气瓶式）——8年
> 手提贮压式干粉灭火器——10年；
> 手提式灭火器——10年；
> 手提式二氧化碳灭火器——12年；
> 推车式化学泡沫灭火器——8年；
> 推车式干粉灭火器（贮气瓶式）——10年；
> 推车贮压式干粉灭火器——12年；
> 推车式灭火器——10年；
> 推车式二氧化碳灭火器——12年

图 7.1-6　消防应急照明灯具

4. 临时疏散通道

施工现场发生火灾或意外事件时，供人员安全撤离危险区域并到达安全地点或安全地带所经的路径见图 7.1-7。

> 灭火器不论已经使用过还是未经使用，距出厂的年月已达规定期限时，必须送维修单位进行水压试验检查。
> (1) 手提式和推车式灭火器、手提式和推车式干粉灭火器，以及手提式和推车式二氧化碳灭火器期满五年，以后每隔二年，必须进行水压试验等检查。
> (2) 手提式和推车式机械泡沫灭火器、手提式清水灭火器期满三年，以后每隔二年，必须进行水压试验检查。
> (3) 手提式和推车式化学泡沫灭火器、手提式酸碱灭火器期满二年，以后每隔一年，必须进行水压试验检查。

图 7.1-5　灭火器

> 民用建筑的安全出口应分散布置。每个防火分区、一个防火分区的每个楼层，其相邻两个安全出口最近边缘之间的水平距离不应小于5m，详情请看《消防安全疏散通道设计标准》

图 7.1-7　火警疏散指示图

5. 临时消防救援场地

施工现场中供人员和设备实施灭火救援作业的演练场地。

7.1.2 总平面布局

（1）一般规定

1）临时用房、临时设施的布置应满足现场防火、灭火及人员安全疏散的要求。

2）下列临时用房和临时设施应纳入施工现场总平面布局：

施工现场的出入口、围墙、围挡；场内临时道路；给水管网或管路和配电线路敷设或架设的走向、高度；施工现场办公用房、宿舍、发电机房、配电房、可燃材料库房、易燃易爆危险品库房、可燃材料堆场及其加工场、固定动火作业场等；临时消防车道、消防救援场地和消防水源。见图7.1-9、图7.1-10。

1. 施工现场的重点防火部位或区域应设置防火警示标识
2. 施工单位应做好施工现场临时消防设施的日常维护工作，对已失效、损坏或丢失的消防设施应及时更换、修复或补充
3. 临时消防车道、临时疏散通道、安全出口应保持畅通，不得遮挡、挪动疏散指示标识，不得挪用消防设施
4. 施工期间，不应拆除临时消防设施及临时疏散设施
5. 施工现场严禁吸烟，定期清理油垢

图 7.1-8　模拟进行消防演练

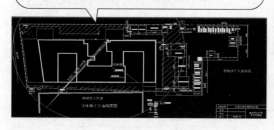

图 7.1-9　施工现场消防布置图

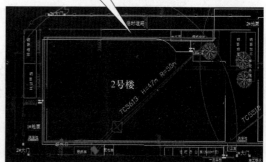

图 7.1-10　消防通道的位置分布图

3）固定动火作业场应布置在可燃材料堆场及其加工场、易燃易爆危险品库房等全年最小频率风向的上风侧；宜布置在临时办公用房、宿舍、可燃材料库房、在建工程等全年最小频率风向的上风侧。见图7.1-11、图7.1-12。

4）易燃易爆危险品库房应远离明火作业区、人员密集区和建筑物相对集中区。见图7.1-13、图7.1-14。

第7章 建筑施工消防平面布置

1. 动火作业应办理动火许可证；动火许可证的签发人收到动火申请后，应前往现场查验并确认动火作业的防火措施落实后，再签发动火许可证
2. 动火操作人员应具有相应资格
3. 焊接、切割、烘烤或加热等动火作业前，应对作业现场的可燃物进行清理；作业现场及其附近无法移走的可燃物应采用不燃材料对其覆盖或隔离
4. 施工作业安排时，宜将动火作业安排在使用可燃建筑材料的施工作业前进行。确需在使用可燃建筑材料的施工作业之后进行动火作业时，应采取可靠的防火措施。
5. 裸露的可燃材料上严禁直接进行动火作业
6. 焊接、切割、烘烤或加热等动火作业应配备灭火器材，并应设置动火监护人进行现场监护，每个动火作业点均应设置1个监护人

1. 一级动火作业由项目负责人组织编制防火安全技术方案，填写动火申请表，报企业安全管理部门审查批准后，方可动火
2. 二级动火作业由项目责任工程师组织拟定防火安全技术措施，填写动火申请表，报项目安全管理部门和项目负责人审查批准后，方可动火
3. 三级动火作业由所在班组填写动火申请表，经项目责任工程师和项目安全管理部门审查批准后，方可动火
4. 动火证当日有效，如动火地点发生变化，则需重新办理动火审批手续

7. 五级(含五级)以上风力时，应停止焊接、切割等室外动火作业；确需动火作业时，应采取可靠的挡风措施
8. 动火作业后，应对现场进行检查，并应在确认无火灾危险后，动火操作人员再离开
9. 具有火灾、爆炸危险的场所严禁明火
10. 施工现场不应采用明火取暖
11. 厨房操作间炉灶使用完毕后，应将炉火熄灭，排油烟机及油烟管道应定期清理油垢

图 7.1-11 动火作业监护人检查人员

图 7.1-12 专业人员进行动火作业

图 7.1-13 消防警告牌

图 7.1-14　易燃易爆危险品库房

可燃材料堆场及其加工场、易燃易爆危险品库房不应布置在架空电力线下。见图 7.1-15、图 7.1-16。

图 7.1-15　木工防护棚

图 7.1-16　危险品分开放置

（2）防火间距

1）易燃易爆危险品库房与在建工程的防火间距不应小于 15m，可燃材料堆场及其加工场、固定动火作业场与在建工程的防火间距不应小于 10m，其他临时用房、临时设施与在建工程的防火间距不应小于 6m。

2）施工现场主要临时用房、临时设施距易燃易爆仓库等危险源距离不应小于 16m。成组布置时，其防火间距可适当减小，但应符合以下要求：①每组临时用房的栋数不应超过 10 栋，组与组之间的防火间距不应小于 8m；②组内临时用房之间的防火间距不应小于 3.5m；当建筑构件燃烧性能等级为 A 级时，其防火间距可减少到 3m，见图 7.1-17。

（3）消防车道

1）施工现场内应设置临时消防车道，临时消防车道与在建工程、临时用房、可燃材料堆场及其加工场的距离，不宜小于 5m，且不宜大于 40m；施工现场周边道路满足消防车通行及灭火救援要求时，施工现场内可不设置临时消防车道。

2）临时消防车道宜为环形，如设置环形车道确有困难，应在消防车道尽端设置尺寸不小于 12m×12m 的回车场；临时消防车道的净宽度和净空高度均不应小于 4m；临时消防车道的右侧应设置消防车行进路线指示标识；临时消防车道路基、路面及其下部设施应能承受消防车通行压力及工作荷载。见图 7.1-18。

图 7.1-17　临时用房设置

图 7.1-18　消防车道

3）建筑高度大于 24m 的在建工程；建筑工程单体占地面积大于 3000m² 的在建工程；超过 10 栋，且为成组布置的临时用房应设置环形临时消防车道，设置环形临时消防车道确有困难时，除应按规范要求设置回车场外，尚应按规范要求设置临时消防救援场地。

4）临时消防救援场地的设置应符合下列要求：临时消防救援场地应在在建工程装饰装修阶段设置；临时消防救援场地应设置在成组布置的临时用房场地及在建工程的长边一侧；场地宽度应满足消防车正常操作要求且不应小于 6m，与在建工程外脚手架的净距不宜小于 2m，且不宜超过 6m。

7.2　建设工程施工现场防火要求

7.2.1　一般规定

（1）临时用房和在建工程应采取可靠的防火分隔和安全疏散等防火技术措施。
（2）临时用房的防火设计应根据其使用性质及火灾危险性等情况进行确定。
（3）在建工程防火设计应根据施工性质、建筑高度、建筑规模及结构特点等情况进行确定。

7.2.2　临时用房防火设计

（1）宿舍、办公用房防火设计应符合下列规定：
1）建筑构件的燃烧性能等级应为 A 级。当采用金属夹芯板材时，其芯材的燃烧性能等级应为 A 级；

2) 建筑层数不应超过 3 层，每层建筑面积不应大于 300m²。见图 7.2-1、图 7.2-2。

图 7.2-1 金属夹芯板材

图 7.2-2 临时用房

3) 层数为 3 层或每层建筑面积大于 200m² 时，应设置不少于 2 部疏散楼梯，房间疏散门至疏散楼梯的最大距离不大于 25m；

4) 单面布置用房时，疏散走道的净宽度不应小于 1.0m（图 7.2-3）；双面布置用房时，疏散走道的净宽度不应小于 1.5m；

5) 疏散楼梯的净宽度不应小于疏散走道的净宽度；见图 7.2-3。

6) 宿舍房间的建筑面积不应大于 30m²，其他房间的建筑面积不宜大于 100m²；

7) 房间内任一点至最近疏散门的距离不应大于 15m，房门的净宽度不应小于 0.8m，房间建筑面积超过 50m² 时，房门的净宽度不应小于 1.2m；

8) 隔墙应从楼地面基层隔断至顶板基层底面。见图 7.2-4。

图 7.2-3 临时用房实例

图 7.2-4 临时宿舍

（2）发电机房、变配电房、厨房操作间、锅炉房、可燃材料库房及易燃易爆危险品库房的防火设计应符合下列规定：

1）建筑构件的燃烧性能等级应为A级。

2）层数应为1层，建筑面积不应大于200m²；见图7.2-5。

3）可燃材料库房单个房间的建筑面积不应超过30m²，易燃易爆危险品库房单个房间的建筑面积不应超过20m²。见图7.2-6、图7.2-7。

4）房间内任一点至最近疏散门的距离不应大于10m，房门的净宽度不应小于0.8m。

图7.2-5 易燃易爆危险品库房

图7.2-6 可燃材料库

图7.2-7 易燃易爆危险品库房

（3）其他防火设计应符合下列规定：

1）宿舍、办公用房不应与厨房操作间、锅炉房、变配电房等组合建造。

2）会议室、文化娱乐室等人员密集的房间应设置在临时用房的第一层，其疏散门应向疏散方向开启。见图7.2-8。

7.2.3 在建工程防火

（1）在建工程作业场所的临时疏散通道应采用不燃、难燃材料建造并与在建工程结构施工同步设置，也可利用在建工程施工完毕的水平结构、楼梯。见图7.2-9。

图7.2-8 会议室、文化娱乐室

(2) 在建工程作业场所临时疏散通道的设置应符合下列规定：

1) 耐火极限不应低于 0.5h。

2) 设置在地面上的临时疏散通道，其净宽度不应小于 1.5m；利用在建工程施工完毕的水平结构、楼梯作临时疏散通道，其净宽度不应小于 1.0m（图 7.2-10）；用于疏散的爬梯及设置在脚手架上的临时疏散通道，其净宽度不应小于 0.6m。

3) 临时疏散通道为坡道时，且坡度大于 25°时，应修建楼梯或台阶踏步或设置防滑条。

图 7.2-9 临时设置的楼梯

4) 临时疏散通道不宜采用爬梯，确需采用爬梯时，应有可靠固定措施。

图 7.2-10 疏散通道

5) 临时疏散通道的侧面如为临空面，必须沿临空面设置高度不小于 1.2m 的防护栏杆。

6) 临时疏散通道设置在脚手架上时，脚手架应采用不燃材料搭设。

7) 临时疏散通道应设置明显的疏散指示标识。

8) 临时疏散通道应设置照明设施。

(3) 既有建筑进行扩建、改建施工时，必须明确划分施工区和非施工区。施工区不得营业、使用和居住；非施工区继续营业、使用和居住时，应符合下列要求：

1) 施工区和非施工区之间应采用不开设门、窗、洞口的耐火极限不低于 3.0h 的不燃烧体隔墙进行防火分隔。

2) 非施工区内的消防设施应完好和有效，疏散通道应保持畅通，并应落实日常值班及消防安全管理制度。

3) 施工区消防安全配专人值守，发生火情应能立即处置。

4) 施工单位向居住和使用者进行消防教育、告知建筑消防设施、疏散通道位置及使用方法，同时组织疏散演练；外脚手架搭设不应影响安全疏散、消防车正常通行及灭火救援操作；外脚手架搭设长度不应超过该建筑物外立面周长的二分之一。

(4) 外脚手架、支模架的架体宜采用不燃或难燃材料搭设，其中，下列工程的外脚手架、支模架的架体应采用不燃材料搭设：

1) 高层建筑；

2) 既有建筑改造工程。

图 7.2-11 具有阻燃型的安全防护网

（5）下列安全防护网应采用阻燃型安全防护网：

1）高层建筑外脚手架的安全防护网（图 7.2-11）；

2）既有建筑外墙改造时，其外脚手架的安全防护网；

3）临时疏散通道的安全防护网。

（6）作业场所应设置明显的疏散指示标志（图 7.2-12），其指示方向应指向最近的临时疏散通道入口。

（7）作业层的醒目位置应设置安全疏散示意图（图 7.2-13）。

图 7.2-12 疏散标志

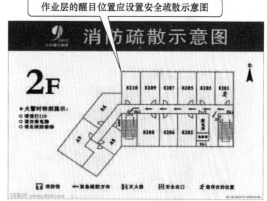

图 7.2-13 消防疏散示意图

7.3 建筑施工临时消防设施

7.3.1 一般规定

（1）施工现场应设置灭火器、临时消防给水系统和临时消防应急照明等临时消防设施。

（2）临时消防设施应与在建工程的施工同步设置。房屋建筑工程中，临时消防设施的设置与在建工程主体结构施工进度的差距不应超过 3 层。见图 7.3-1。

（3）在建工程可利用已具备使用条件的永久性消防设施。当永久性消防设施无法满足使用要求时，应增设临时消防设施，并应符合规范的有关规定。

（4）施工现场的消火栓泵应采用专用消防配电线路。专用消防配电线路应自施工现场总配电箱的总断路器上端接入，且应保持不间断供电。见图 7.3-2。

（5）地下工程的施工作业场所宜配备防毒面具。

（6）临时消防给水系统的贮水池、消火栓泵、室内消防竖管及水泵接合器等，应设有

图 7.3-1　检查临时消防给水系统　　　图 7.3-2　施工现场的消火栓泵

醒目标识。

7.3.2　灭火器及临时消防给水系统

（1）宿舍、办公用房防火设计参见第 7.2.2 小节。

（2）在建工程及临时用房的下列场所应配置灭火器：

1）易燃易爆危险品存放及使用场所。

2）动火作业场所。

3）可动火作业场所必须配备灭火器。

见图 7.3-3、图 7.3-4。

图 7.3-3　可燃材料存放、加工　　　图 7.3-4　可燃材料存放、加工
　　　　　及使用场所　　　　　　　　　　　　及使用场所配备灭火器

4）厨房操作间、锅炉房、发电机房、变配电房、设备用房、办公用房、宿舍等临时用房。

5）其他具有火灾危险的场所。

（3）施工现场灭火器配置应符合下列规定：

1）灭火器的类型应与配备场所可能发生的火灾类型相匹配；

2) 灭火器的最低配置标准应符合表 7.3-1 的规定。

灭火器最低配置标准　　　　　　　表 7.3-1

项目	固体物质火灾		液体或可熔化固体物质火灾、气体火灾	
	单具灭火器最小灭火级别	单位灭火级别最大保护面积 m²/A	单具灭火器最小灭火级别	单位灭火级别最大保护面积 m²/B
易燃易爆危险品存放及使用场所	3A	50	89B	0.5
固定动火作业场	3A	50	89B	0.5
临时动火作业点	2A	50	55B	0.5
可燃材料存放、加工及使用场所	2A	75	55B	1.0
厨房操作间、锅炉房	2A	75	55B	1.0
自备发电机房	2A	75	55B	1.0
变、配电房	2A	75	55B	1.0
办公用房、宿舍	1A	100	—	—

3) 灭火器数量按照《建筑灭火器配置设计规范》GB 50140 经计算确定，且每个场所的灭火器数量不应少于 2 具。

4) 灭火器的最大保护距离应符合表 7.3-2 的规定。

灭火器的最大保护距离　　　　　　　表 7.3-2

灭火器配置场所	固体物质火灾	液体或可熔化固体物质火灾、气体类火灾
易燃易爆危险品存放及使用场所	15	9
固定动火作业场	15	9
临时动火作业点	10	6
可燃材料存放、加工及使用场所	20	12
厨房操作间、锅炉房	20	12
发电机房、变配电房	20	12
办公用房、宿舍等	25	—

(4) 临时消防给水系统：

1) 施工现场或其附近应设置稳定、可靠的水源，并应能满足施工现场临时消防用水的需要。消防水源可采用市政给水管网或天然水源。当采用天然水源时，应采取措施确保冰冻季节、枯水期最低水位时顺利取水，并满足临时消防用水量的要求。

2) 临时消防用水量应为临时室外消防用水量与临时室内消防用水量之和。

3) 临时室外消防用水量应按临时用房和在建工程的临时室外消防用水量的较大者确定，施工现场火灾次数可按同时发生 1 次确定。

4) 临时用房建筑面积之和大于 1000m² 或在建工程单体体积大于 10000m³ 时，应设置临时室外消防给水系统。

5) 临时用房的临时室外消防用水量不应小于表 7.3-3 的规定。

临时用房临时室外消防用水量 表 7.3-3

临时用房的建筑面积之和	火灾延续时间（h）	消火栓用水量（L/s）	每支水枪最小流量（L/s）
1000m²＜面积≤5000m²	1	10	5
面积＞5000m²	1	15	5

6) 在建工程的临时室外消防用水量不应小于表 7.3-4 的规定。

在建工程的临时室外消防用水量 表 7.3-4

在建工程（单体）体积	火灾延续时间（h）	消火栓用水量（L/s）	每支水枪最小流量（L/s）
10000m³＜体积≤30000m³	1	15	5
体积＞30000m³	2	20	5

7) 施工现场临时室外消防给水系统的设置应符合下列要求：

给水管网宜布置成环状；临时室外消防给水干管的管径应依据施工现场临时消防用水量和干管内水流计算速度进行计算确定，且不应小于 DN100；室外消火栓应沿在建工程、临时用房及可燃材料堆场及其加工场均匀布置，距在建工程、临时用房及可燃材料堆场及其加工场的外边线不应小于 5m；消火栓的间距不应大于 120m；消火栓的最大保护半径不应大于 150m。见图 7-3.2.13。

8) 建筑高度大于 24m 或单体体积超过 30000m³ 的在建工程，应设置临时室内消防给水系统。

9) 在建工程的临时室内消防用水量不应小于表 7.3-5 的规定。

在建工程的临时室内消防用水量 表 7.3-5

建筑高度、在建工程体积（单体）	火灾延续时间（h）	消火栓用水量（L/s）	每支水枪最小流量（L/s）
24m＜建筑高度≤50m 或 30000m³＜体积≤50000m³	1	10	5
建筑高度＞50m 或体积＞50000m³	1	15	5

10) 在建工程室内临时消防竖管的设置应符合下列要求：

消防竖管的设置位置应便于消防人员操作，其数量不应少于 2 根，当结构封顶时，应将消防竖管设置成环状；

消防竖管的管径应根据在建工程临时消防用水量、竖管内水流计算速度进行计算确定，且不应小于 DN100。

11) 设置室内消防给水系统的在建工程，应设消防水泵接合器。消防水泵接合器应设置在室外便于消防车取水的部位，与室外消火栓或消防水池取水口的距离宜为 15～40m。见图 7.3-5。

第 7 章　建筑施工消防平面布置

图 7.3-5　消防水泵接合器

12）设置临时室内消防给水系统的在建工程，各结构层均应设置室内消火栓接口及消防软管接口，并应符合下列要求：

消火栓接口及软管接口应设置在位置明显且易于操作的部位；

消火栓接口的前端应设置截止阀（图 7.3-6）；

消火栓接口或软管接口的间距，多层建筑不大于 50m，高层建筑不大于 30m。

13）在建工程结构施工完毕的每层楼梯处，应设置消防水枪、水带及软管，且每个设置点不少于 2 套（图 7.3-7）。

14）高度超过 100m 的在建工程，应在适当楼层增设临时中转水池及加压水泵（图 7.3-8）。中转水池的有效容积不应少于 10m³，上下两个中转水池的高差不宜超过 100m。

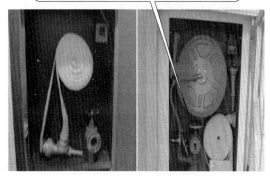

图 7.3-6　截止阀　　　　　图 7.3-7　楼内消火系统配备

15）临时消防给水系统的给水压力应满足消防水枪充实水柱长度不小于 10m 的要求；给水压力不能满足要求时，应设置消火栓泵，消火栓泵不应少于 2 台；消火栓泵宜设置自动启动装置。

16）当外部消防水源不能满足施工现场的临时消防用水量要求时，应在施工现场设置

223

临时贮水池。临时贮水池宜设置在便于消防车取水的部位，其有效容积不应小于施工现场火灾延续时间内一次灭火的全部消防用水量。见图7.3-9、图7.3-10。

17）施工现场临时消防给水系统应与施工现场生产、生活给水系统合并设置，但应设置将生产、生活用水转为消防用水的应急阀门。应急阀门不应超过2个，且应设置在易于操作的场所，并设置明显标识。

18）严寒和寒冷地区的现场临时消防给水系统，应采取防冻措施。

图7.3-8　加压水泵

图7.3-9　消防水枪

图7.3-10　消火栓泵

7.3.3　应急照明

（1）施工现场的下列场所应配备临时应急照明：

自备发电机房及变、配电房；水泵房；无天然采光的作业场所及疏散通道；高度超过100m的在建工程的室内疏散通道；发生火灾时仍需坚持工作的其他场所。

（2）作业场所应急照明的照度不应低于正常工作所需照度的90%，疏散通道的照度值不应小于0.5lx。

（3）临时消防应急照明灯具宜选用自备电源的应急照明灯具，自备电源的连续供电时间不应小于60 min。

7.4　建筑施工防火管理

7.4.1　一般规定

（1）施工现场的消防安全管理由施工单位负责。

实行施工总承包的,由总承包单位负责。分包单位应向总承包单位负责,并应服从总承包单位的管理,同时应承担国家法律、法规规定的消防责任和义务。

(2) 监理单位应对施工现场的消防安全管理实施监理。

(3) 施工单位应根据建设项目规模、现场消防安全管理的重点,在施工现场建立消防安全管理组织机构及义务消防组织,并应确定消防安全负责人和消防安全管理人,同时应落实相关人员的消防安全管理责任。

(4) 施工单位应针对施工现场可能导致火灾发生的施工作业及其他活动,制订消防安全管理制度。消防安全管理制度应包括下列主要内容:

消防安全教育与培训制度;可燃及易燃易爆危险品管理制度;用火、用电、用气管理制度;消防安全检查制度;应急预案演练制度。见图7.4-1。

(5) 施工单位应编制施工现场防火技术方案,并应根据现场情况变化及时对其修改、完善。防火技术方案应包括下列主要内容:

施工现场重大火灾危险源辨识;施工现场防火技术措施;临时消防设施、临时疏散设施配备;临时消防设施和消防警示标识布置图。

图7.4-1 消防安全管理制度

(6) 施工单位应编制施工现场灭火及应急疏散预案。灭火及应急疏散预案应包括下列主要内容:

应急灭火处置机构及各级人员应急处置职责;报警、接警处置的程序和通信联络的方式;扑救初起火灾的程序和措施;应急疏散及救援的程序和措施。见图7.4-2、图7.4-3。

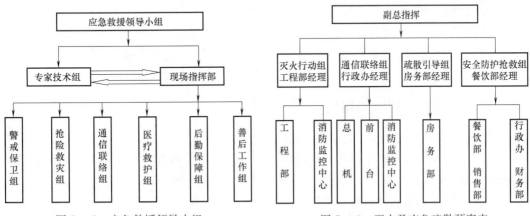

图7.4-2 应急救援领导小组　　　　图7.4-3 灭火及应急疏散预案表

(7) 施工人员进场前,施工现场的消防安全管理人员应向施工人员进行消防安全教育和培训内容如下:

施工现场消防安全管理制度、防火技术方案、灭火及应急疏散预案的主要内容;施工现场临时消防设施的性能及使用、维护方法;扑灭初起火灾及自救逃生的知识和技能;报火

学习施工现场临时消防设施的性能及使用、维护方法;扑灭初起火灾及自救逃生知识和技能;报火警接警程序和方法

图 7.4-4 施工现场工人进行学习

警、接警的程序和方法。见图7.4-4。

(8) 施工作业前,施工现场的施工管理人员应向作业人员进行消防安全技术交底。消防安全技术交底应包括下列主要内容:

施工过程中可能发生火灾的部位或环节;施工过程应采取的防火措施及应配备的临时消防设施;初起火灾的扑救方法及注意事项;逃生方法及路线。

(9) 施工过程中,消防安全负责人应定期组织消防安全管理人员对施工现场的消防安全进行检查:

危险品的管理是否落实;动火作业的防火措施是否落实;用火、用电、用气是否存在违章操作,电、气焊及保温防水施工是否执行操作规程;临时消防设施是否完好有效;临时消防车道及临时疏散设施是否畅通。

(10) 施工单位应依据灭火及应急疏散预案,定期开展灭火及应急疏散的演练。

(11) 施工单位应做好并保存施工现场消防安全管理的相关文件和记录,建立现场消防安全管理档案。

7.4.2 可燃物及易燃易爆危险品管理

(1) 用于在建工程的保温、防水、装饰及防腐等材料的燃烧性能等级,应符合设计要求。

(2) 可燃材料及易燃易爆危险品应按计划限量进场。进场后,可燃材料宜存放于库房内,如露天存放时,应分类成垛堆放,垛高不应超过2m,单垛体积不应超过50m³,垛与垛之间的最小间距不应小于2m,且采用不燃或难燃材料覆盖;易燃易爆危险品应分类专库储存,库房内通风良好,并设置严禁明火标志。

(3) 室内使用油漆及其有机溶剂、乙二胺、冷底子油或其他可燃、易燃易爆危险品的物资作业时,应保持良好通风,作业场所严禁明火,并应避免产生静电。

(4) 施工产生的可燃、易燃建筑垃圾或余料,应及时清理。

7.4.3 用火、用电、用气管理

(1) 施工现场用火,应符合下列要求:

1) 动火作业应办理动火许可证;动火许可证的签发人收到动火申请后,应前往现场查验并确认动火作业的防火措施落实后,方可签发动火许可证。

2) 动火操作人员应具有相应资格。见图7.4-5、图7.4-6。

3) 焊接、切割、烘烤或加热等动火作业前,应对作业现场的可燃物进行清理;作业现场及其附近无法移走的可燃物,应采用不燃材料对其覆盖或隔离。

4) 施工作业安排时,宜将动火作业安排在使用可燃建筑材料的施工作业前进行。确需在使用可燃建筑材料的施工作业之后进行动火作业,应采取可靠防火措施。

5) 裸露的可燃材料上严禁直接进行动火作业。

第 7 章 建筑施工消防平面布置

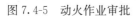

图 7.4-5 动火作业审批

图 7.4-6 工人进行动火作业

6）焊接、切割、烘烤或加热等动火作业，应配备灭火器材，并设动火监护人进行现场监护，每个动火作业点均应设置一个监护人。

7）五级（含五级）以上风力时，应停止焊接、切割等室外动火作业，否则应采取可靠的挡风措施。

每个动火作业点均应设置一个监护人，见图 7.4-7。

8）动火作业后，应对现场进行检查，确认无火灾危险后，动火操作人员方可离开。

9）具有火灾、爆炸危险的场所严禁明火。

10）施工现场不应采用明火取暖。

11）厨房操作间炉灶使用完毕后，应将炉火熄灭，排油烟机及油烟管道应定期清理油垢。

（2）施工现场用电，应符合下列要求：

1）施工现场用电设施设计、施工、运行、维护应符合现行国家标准《建设工程施工现场供用电安全规范》GB 50194 的要求。

2）电气线路应具有相应的绝缘强度和

图 7.4-7 监护人进行动火作业监督

机械强度，严禁使用绝缘老化或失去绝缘性能的电气线路，严禁在电气线路上悬挂物品。破损、烧焦的插座、插头应及时更换。见图 7.4-8、图 7.4-9。

3）电气设备与可燃、易燃易爆和腐蚀性物品应保持一定的安全距离。

4）有爆炸和火灾危险的场所，按危险场所等级选用相应的电气设备。

5）配电屏上每个电气回路应设置漏电保护器、过载保护器，距配电屏 2m 范围内不应堆放可燃物，5m 范围内不应设置可能产生较多易燃、易爆气体、粉尘的作业区。见图 7.4-10。

6）可燃材料库房不应使用高热灯具，易燃易爆危险品库房内应使用防爆灯具。

7）普通灯具与易燃物距离不宜小于 300mm；聚光灯、碘钨灯等高热灯具与易燃物距

图 7.4-8　老化的电气线路燃烧

图 7.4-9　破损的插座

图 7.4-10　配电屏设置漏电保护器

离不宜小于 500mm。

8）电气设备不应超负荷运行或带故障使用；禁止私自改装现场供用电设施；应定期对电气设备和线路的运行及维护情况进行检查。

（3）施工现场用气，应符合下列要求：

1）储装气体的罐瓶及其附件应合格、完好和有效；严禁使用减压器及其他附件缺损的氧气瓶，严禁使用乙炔专用减压器、回火防止器及其他附件缺损的乙炔瓶。见图 7.4-11、图 7.4-12。

图 7.4-11　储装气体灌瓶

图 7.4-12　乙炔瓶

2）气瓶运输、存放、使用时，应符合下列规定：

气瓶应保持直立状态,并采取防倾倒措施,乙炔瓶严禁横躺卧放;严禁碰撞、敲打、抛掷、滚动气瓶;气瓶应远离火源,距火源距离不应小于10m,并应采取避免高温和防止暴晒的措施;燃气储装瓶罐应设置防静电装置。

3)气瓶应分类储存,库房内通风良好;空瓶和实瓶同库存放时,应分开放置,两者间距不应小于1.5m。见图7.4-13、图7.4-14。

图7.4-13 气瓶放置

图7.4-14 施工现场的气瓶

4)气瓶使用时,应符合下列规定:

使用前,应检查气瓶完好性,检查连接气路的气密性,并采取避免气体泄漏的措施,严禁使用已老化的橡皮气管;氧气瓶与乙炔瓶的工作间距不应小于5m,气瓶与明火作业点的距离不应小于10m;冬季使用气瓶,如气瓶的瓶阀、减压器等发生冻结,严禁用火烘烤或用铁器敲击瓶阀,禁止猛拧减压器的调节螺丝;氧气瓶内剩余气体的压力不应小于0.1MPa;气瓶用后,应及时归库。

(4)其他施工管理

1)施工现场的重点防火部位或区域,应设置防火警示标识。

2)施工单位应做好施工现场临时消防设施的日常维护工作,对已失效、损坏或丢失的消防设施,应及时更换、修复或补充。

3)临时消防车道、临时疏散通道、安全出口应保持畅通,不得遮挡、挪动疏散指示标识,不得挪用消防设施。施工现场严禁吸烟。

第8章 建筑工程典型安全事故案例解析

8.1 常见建筑事故统计与分类

常见建筑事故分类有高处坠落、触电、物体打击、机械伤害、坍塌及其他事故，见图 8.1-1。

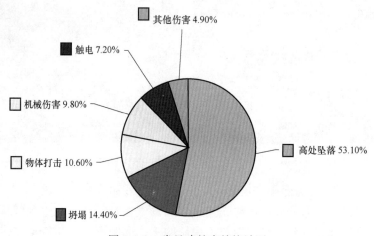

图 8.1-1 常见建筑事故统计图

8.2 案例分析

1. 高处坠落

事故解析：人员从 2m 以上的临边、洞口（包括楼梯口、电梯口、预留洞口、通道口）、沟、坑、槽和深基础周边；楼梯侧边；平台或阳台边；屋面周边）坠落及脚手架、吊篮、塔吊、电梯、施工电梯等坠落致人伤亡的事故。

（1）实例 1

李某搬运材料时自二层脚手架坠落，钢筋穿胸而过，经抢救无效死亡。

原因：未穿防滑鞋、未系安全带、脚手架未满铺木跳板及未绑扎安全网。

① 进入施工现场，必须戴好安全帽，扣好安全带。未经安全知识教育和培训不得进入施工现场操作；

② 在没有防护设施的 2m 高处，悬崖或者陡坡施工作业必须系好安全带；

③ 危险区域要有明显标志，要求采取防护措施，夜间要设置红灯警示；

④ 脚手板两端要扎牢，防止空头板；

⑤ 施工现场禁止穿拖鞋、高跟鞋和易滑、带钉的鞋，禁止赤脚和赤膊操作。

第8章 建筑工程典型安全事故案例解析

(2) 实例2

邱某从19层坠至17层地面当场死亡。

原因：远处的竖井口用盖板盖住，未设置标准的警示牌，并在此竖井周边未设置任何防护，工人意识麻痹大意，安全意识淡薄。见图8.2-1、图8.2-2。

(3) 实例3

施工人员从窗外的吊篮经窗子进入楼内（图8.2-3），不慎坠落至地面身亡。

原因：吊篮使用安全监管不到位；典型的攀坐不安全位置，行走不安全通道；安全教育不到位，冒险进入危险场所；安全管理不到位；安全监管不到位；安全教育不到位；项目管理不到位，工人安全意识薄弱。

> 结构孔洞达到封盖条件时，要及时封闭。在未封闭之前，必须采取临时封闭等安全措施

> 施工现场的坑、洞、沟、升降口、漏斗等危险处，应有防护设施或明显标志。

图8.2-1 事故现场的竖井口

> 1.楼板、屋面和平台等面上，短边边长小于2.5cm但长边大于2.5cm的孔口，必须用坚实的盖板予以覆盖
> 2.楼板、屋面和平台等面上，短边边长为25~50cm的洞口、安装预制构件时的洞口，以及缺口临时形成的洞口处，用竹、木等作盖板覆盖洞口，盖板必须保持四周搁置均衡
> 3.楼板、屋面和平台等面上，短边边长为50~100cm的洞口，必须以扣件扣接钢管而成的网格，并在其上满铺竹笆或脚手板，也可采用预埋在混凝土楼板内的钢筋网构成防护网，钢筋网格的间距不得大于20cm
> 4.楼板、屋面、平台等面上，短边边长在150cm以上的洞口，四周设护栏杆，洞口下张挂安全平网
> 5.垃圾井道和烟道等处，应随楼层的砌筑和安装而消除洞口，也可参照预留洞口作防护，管道井施工，除按以上处理外，还应加设明显的标志，如有临时性拆移，须经施工负责人批准，工作完毕后必须恢复防护设施

图8.2-2 事故现场的竖井

类似的案例见图8.2-4~图8.2-7。

> 1.各种板与墙的孔口与洞口，必须视具体情况分别设置牢固的盖板、防护栏杆、安全网或防坠落的防护设施
> 2.各种预留洞口、桩孔上口、杯形、条形基础上口、未填上的坑槽，以及上人孔、天窗等处，均设置稳固的盖板，防止人、物坠落的小孔眼的钢丝网等覆盖
> 3.各类通道口、上料口的上方，必须设置防护棚，其尺寸大小及强度要求视具体情况而定，但必须达到使在下面通行或工作的人员不受任何落物的伤害
> 4.需严格进行安全技术交底，认真执行安全技术措施，是贯彻安全生产方针，减少因工伤事故，实现安全生产的重要保证

图8.2-3 从吊篮进入楼内的窗子

现场安全网搭设存在隐患

钢梁

陈某与另外2人为抄近路，从护身栏豁口处上到钢结构施工的钢梁上向对面走到端头后想手扒柱子到楼层内，因距离远而失手落下砸落单层平网后落在22m下的地面身亡

图 8.2-4　类似案例 1

外用电梯平台防护门未关上，电梯上行后，施工人员不慎从此处坠落

为保护他人的生命也保护自己的生命，施工人员出入外用电梯应随手关闭平台防护门

图 8.2-5　类似案例 2

第 8 章 建筑工程典型安全事故案例解析

施工人员武某在九层厨房间施工楼面用斗车运送水泥砂浆时,私自将阳台防护栏杆拆除,推斗车时不慎从楼面坠落至首层室外采光井上,被采光井竖向两根钢筋穿过身体的胸侧面和右脚踝处,经抢救无效死亡

图 8.2-6 类似案例 3

1.工地所有的机械设备应由施工负责人与机械班长进行编制维护、保养计划,并按计划安排有关人员进行维修与保养,专职维修人员作好每日的例行保养以及要不定期进行检查,以保证机械正常使用。2.对各种机械检查出的问题,必须立即处理,决不能凑合勉强使用,防止机械事故的发生,并做如实记录

图 8.2-7 类似案例 4

233

(4) 实例 4

一工地施工电梯坠落，三名工人一死两伤，见图 8.2-8、图 8.2-9。

1. 施工电梯操作人员必须经过专业培训，熟悉设备的性能、结构和维修保养规程，具有熟练的操作技能，经考试合格后持证上岗
2. 施工电梯笼内承人或载物时，应使荷载均匀分布，防止偏重，严禁超载运行。乘人不载物时，额定载重每吨不得超过12人，轿楔顶上不得载人或货物

电梯在每班运行时，必须从最底层上开，严禁自上而下，当吊笼升离地面1~2mm时，要停车试验制动器性能。如发生不正常，及时修复后方准使用

图 8.2-8 坠落后现场

乘人的外用电梯、吊笼，应有可靠的安全装置。除指派的专业人员外，禁止攀登起重臂、绳索和随同运料的吊笼、吊装物上下

施工升降机限载标志要求
1. 轿厢内标志
(1)设置位置：轿厢内醒目处；(2)尺寸：长度20cm，宽度25cm；(3)标志牌材质：采用PVC板，并镶边框；(4)标志内容：分两行标示"严禁超载"、"限乘9人"，字体须均匀分布于标志牌内，白底红字
2. 轿厢外标志
(1)设置位置：悬挂于施工升降机入口醒目处；(2)尺寸：长度80cm，宽度60cm；(3)标志牌材质：采用PVC板，并像边框；(4)标示内容：分两行标示"严禁超载"、"限乘9人"，字体须均匀分布于标志牌内，白底红字

图 8.2-9 坠楼后的施工电梯

(5) 实例 5

2008年某工地发生一起施工外用电梯坠落事故，造成18人死亡。见图 8.2-10、图 8.2-11。

1. 安全管理体系不健全，加强安全管理体系，项目部配备专业管理人员，开展定期不定期的安全检查
2. 设备资料不齐全，加强平时设备的检查记录，做到记录齐全（如设备运行记录、维修保养记录、项目部周检记录、企业月检记录、施工电梯装拆、使用大危险源监控记录等）

1. 防护装置管理不到位，制动器容易失灵。由于电梯启动、停止频繁，作业条件变化使制动器容易失灵，应加强日常维护，保持自动调节间隙机构的清洁
2. 操作规程不落实，安装升高及拆卸作业时应安排专职人员现场监管，作业时挂安全警示标志，完成后办理交接手续
3. 电梯日常管理不规范，体笼内无限载牌、操作规程牌。施工电梯司机作业前按规定进行试运行，正确履行交接班手续

图 8.2-10　坠落后现场人员逃生

图 8.2-11　坠落后现场扭曲的设备

（6）实例 6

2009 年某建筑工地，在塔式起重机拆除过程中，发生上部结构失稳坠落事故，造成 5 名拆除工人死亡。见图 8.2-12、图 8.2-13。

塔吊装拆时要由专业的有安装拆除资质的厂家来编制专项方案，专项方案应当由施工单位技术部门组织本单位施工技术、安全、质量等部门的专业技术人员进行审核。经审核合格的，由施工单位技术负责人签字。验收合格后方可拆卸

图 8.2-12　上部结构失稳的设备

图 8.2-13 消防人员进行检查

(7) 实例 7

2008 年某工地塔式起重机吊着满载混凝土的一辆斗车，行经工地边的该镇中心小学上空时，塔机缆绳突然断裂，斗车从天而降砸进坐满学生的教室，造成至少 1 名学生死亡，8 名学生受伤。见图 8.2-14、图 8.2-15。

图 8.2-14 斗车掉进坐满学生的教室

图 8.2-15 塔吊在教室上方作业

管理与工人安全意识不到位见图 8.2-16。

违章作业习以为常见图 8.2-17。

图 8.2-16 模板防护不当的高处坠落   图 8.2-17 塔吊保养时司机安全意识淡薄

(8) 实例 8

工程负责人安排 5 名工人乘吊车执行高空作业任务，工人们乘坐吊篮在被拉往高空的过程中，钢索突然断裂，吊篮从 50m 高空坠落，4 名工人当场死亡，1 名工人送院后经抢救无效死亡。吊车司机无操作证。

吊运时要注意：①被吊物重量超过机械性能允许范围内不吊；②指挥信号不明、重量不明、光线暗淡不吊；③被吊物上站人或工作面浮置活动物不吊；④结构或零部件影响安全工作的缺陷或损伤时、埋在地下的物体不拔不吊；⑤斜拉斜牵物、散物捆扎不牢不吊；⑥吊索和附件捆绑不牢或不平衡可能引起吊物滑动时不吊；⑦行车吊挂重物直接进行加工时不吊；⑧氧气瓶、乙炔发生器等具有爆炸性物品不吊；⑨机械安全装置失灵或带病时不准吊；⑩天气恶劣，六级以上强风不准吊。

高处坠落的事故原因：

(1) 违反安全操作规程；没有使用或正确使用安全"三宝"。

(2) 工人缺乏应有的安全常识和安全意识；现场安全检查不到位，安全隐患未及时发现和整改，安全防护措施不力；安全教育及安全技术交底不到位。

(3) 作业人员习惯性违章，爬爬梯时未使用自锁器；走单梁时，没有设置手扶水平安全绳；安全网的张挂不符合要求；安全带和安全网的材质不符合国家标准；提升机具不维修保养、检查，超载和违章作业。

（4）脚手架搭设和脚手板敷设不符合要求，而且没有在脚手架外侧按标准张挂安全网，造成作业者从脚手架上坠落。

（5）高处坠落事故频发的最根本原因是忽略有关法律与标准、规范的教育，造成安全意识淡薄；安全技术教育不按规定要求进行，往往流于形式，教育内容肤浅，不切实际；安全技术责任制不健全。

事故防范措施：

加强管理不做好防护措施如：任何临边洞口都要加盖或围栏防护见图 8.2-18～图 8.2-20。

图 8.2-18　任何地洞应该设有围栏或加盖

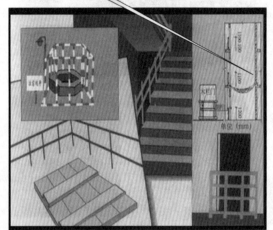

图 8.2-19　四口做好防护

遇有六级以上强风、浓雾时，不得进行高处作业；雨天和雪天必须采取可靠的防滑、防寒和防冻措施。凡水、冰、霜、雪、应及时清除。对施工人员进行加强自我保护教育，自觉遵守施工规范。危险地段或坑井边，陡坎处增设警示、警灯、维护栏杆，夜间增加施工照明亮度。购进符合规范的"三宝"、围护杆、栅栏、架杆、扣件、梯材等，并按规定安装和使用。洞口、临边、交叉作业、攀登作业悬空作业，必须按规范使用安全帽、安全网、安全带，并严格加强防护措施。提升机具要经常维修保养、检查，禁止超载和违章作业。

2. 触电

事故解析：触电伤害是由于人体直接接触电源（导致电体或漏电体），受到一定量的电流通过人体致使组织损伤和功能障碍致人伤亡的事故。

（1）实例 1

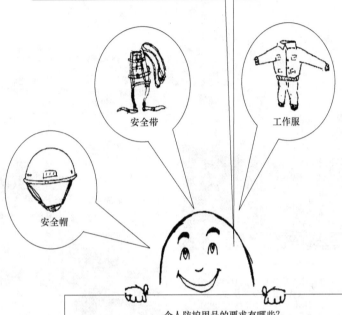

图 8.2-20　个人防护用品要求

施工环境未了解清楚盲目施工：2004年4月8日，某钢铁有限公司厂房扩建工地，为看管工地新进打桩物资，公司副总经理陈某叫本公司的10名工人，连同工地的十几名工人，一起将位于工地南面的钢结构瞭望亭搬到北面。大约搬移了200m时，瞭望亭的上端碰到在工地东北面的3条东西走向的万伏高压线，从而导致了12人触电惨死的事故。见图8.2-21、见图8.2-22。

（2）实例2

工人王某焊接管道时，电焊焊把线破损处暴露未处理，场地潮湿不幸触电身亡。见图8.2-23。

电线破损，安全检查不到位，工人张某接线时不幸触电身亡。见图8.2-24。

（3）实例3

无证上岗且违反操作规程，使用不合格材料，施工现场安全管理混乱，见图8.2-25。

在建工程不得在外高压线路下方施工，且不得在其下方搭作业栅，建生活设施以及堆放杂物。在建工程(含脚手架)的外侧边缘与外电架空线路的边缘之间的距离必须满足：1kV以下≥4m，1～10kV以上≥6m；施工现场的机动车道与外电架空交叉时，其最低点与路面的垂直距离应满足：1kV以下≥6m，1～10kV以上≥7m

1．高压险情施救时，必须使用干燥木质材料等规范绝缘器材，不得使用低压用具处置，防止事故扩大
2．发现有人触电，立即切断电源，进行急救，电气着火，应立即将有关电源切断，使用泡沫灭火器或干粉灭火器

建筑物或脚手架与户外高压线距离太近的，应按规范增设保护网

1．各操作人员必须认真执行安全操作规程，服从电工的安全技术指导
2．任何单位、个人不得指派无电工操作证的人员进行电器设备的安装、维修工作
3．工人有权制止一切违章操作用电行为，必要时可向有关部门报告

图 8.2-21　挪动的钢结构瞭望亭　　　　　　图 8.2-22　现场遗落的安全帽

作业人员安全意识淡薄，自我保护意识差，对现场存在安全隐患没有引起重视

1．在作业前应检查所有的绝缘情况，检验工具应妥善保管，严禁他人使用，并定期检查、校验
2．电气线路上禁止带负荷接或断电，并禁止带电操作

图 8.2-23　未做任何防护的接触裸露的电线

第8章 建筑工程典型安全事故案例解析

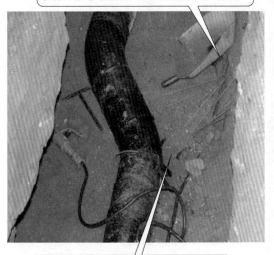

图 8.2-24 电击后的现场

图 8.2-25 混乱的施工现场图

（4）实例 4

杨某设置浇筑地坪用照明灯时，发生触电事故，经送医院抢救无效死亡，见图 8.2-26。

图 8.2-26 混乱的施工现场图

施工现场的线路、灯具高度、照明架设位置等必须符合安全规定的要求，严禁随意布设，用电设备必须安装漏电保护器；施工用电必须坚持巡回检查制度。

(5) 实例 5

上海某电器有限公司一外来劳务工人在厂区内开挖下水管道沟槽,不慎触及地下破损的电线金属防护套管,发生触电,经送医院抢救无效死亡,见图 8.2-27。

(6) 实例 6

上海一电工从商场一强电间应急电源 EPS 柜桩头上接单机箱电源时,不慎触电,经送医院抢救无效死亡,见图 8.2-28 和图 8.2-29。

(7) 实例 7

一名电工在现场作业时,被电击身亡。

触电的事故原因:

施工现场管理混乱;现场安全检查不到位,安全隐患未及时发现和整改;

图 8.2-27 破损的电线金属防护套管

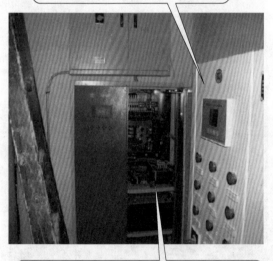

图 8.2-28 EPS 柜桩头上接单机箱

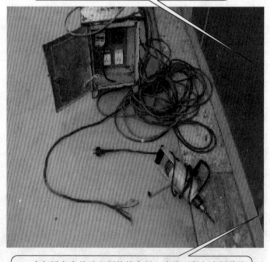

图 8.2-29 线路老化的机电设备

违反安全操作规程;工人安全教育不到位。

事故防范措施:

特种作业岗位必须严格执行持证上岗制度,施工单位明确提出安全操作要求,并对其操作人员进行安全教育培训，禁止带电作业。加强劳动保护用品的使用管理和用电知识的宣传教育。建筑物或脚手架与户外高压线距离太近的，应按规范增设保护网。在潮湿、粉尘或有爆炸危险气体的施工现场要分别使用密闭式和防爆型电气设备。经常开展电气安全检查工作，对电线老化或绝缘能力降低的机电设备进行更换和维修。电箱门要装锁，保持内部线路整齐，按规定配置保险丝，严格一机一箱一闸一漏配置。根据不同的施工环境正确选择和使用安全电压。电动机械设备按规定接地接零。手持电动工具应增设漏电保护装置。施工现场应按规范要求高度搭建机械设备，并安装相应的防雷装置。

3. 物体打击

事故解析：物体打击伤害是指失控物体的惯性力造成的人身伤亡事故，简单地讲，就是高处坠落物体致人伤亡的事故。

（1）实例1

工人鲁某搬运材料时被从天而降的钢管砸中头部当场死亡，见图8.2-30。

（2）实例2

高空抛物，管理缺失不恰当的交叉作业，见图8.2-31。

图 8.2-30　高空抛物现场（一）

图 8.2-31　高空抛物现场（二）

（3）实例3

张某被从天而降的钢筋从后颈穿入，从口腔穿出。见图8.2-32。

（4）实例4

违反操作规程的操作，见图8.2-33。

（5）实例5

高空抛物无人监管，见图8.2-34。

不从高处往下抛掷建筑材料、杂物、垃圾或向上递工具、小材料

安全教育包括：对管理者的安全教育，因为安全工作的好坏，管理者是关键；对新工人的三级安全教育；对各工种，尤其是特种作业人员的技术安全培训和考核；多种形式的安全教育等，提高施工人员遵章守纪的安全素质

击中施工人员的钢管

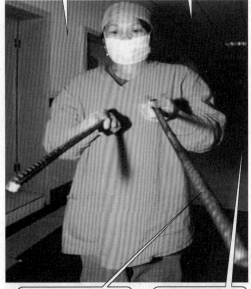

加强施工现场的安全检查，现场安全检查发现不安全隐患，及时采取响应措施；建立安全互检制度。监督施工作业人员，做班后清理工作以及作业区域的安全防护设施，进行检查

加强施工单位的安全教育培训，施工技术培训教材，提高整体安全和技术素质

与吊物相撞的附着操作平台

施工单位使用塔吊吊运90cm长的碗扣脚手架(违反标准未使用容器吊运)，在吊运中吊物与塔吊附着操作平台相撞，导致两根碗扣脚手架从近30m高度坠落，其中一根击中下面施工人员的头部，当场死亡。信号工无证上岗，指挥不当

图 8.2-32　插在张某后颈的钢筋

图 8.2-33　事故图片

施工人员王某(未带安全帽)在工地便道上，被从楼上落下的3m长的木方(10cm×10cm)砸中，脑部受伤，经抢救无效死亡

砸中王某的木方正好掉在防护栏杆处，防护栏距离楼6m远

图 8.2-34　事故图片

(6) 实例 6

违反操作规程在起吊物下作业、停留，见图 8.2-35。

图 8.3-35 事故图片

施工人员邱某和信号工(无证上岗)韩某配合塔司吊运大模板，信号工发出起吊信号后，塔司起吊模板，模板刚离开地面，模板开始剧烈晃动(吊物时吊钩没有与吊物垂直，歪拉斜吊)，邱某用手扶而没有扶住，此时晃动的模板将旁边的一块模板碰倒，邱某躲避不及被倒塌的模板砸伤致死

(7) 实例 7

某建筑工地内正在使用的塔吊发生倒塌，塔吊基座和吊臂砸在了正在施工的建筑物顶部，违反操作规程并且超重起吊导致四人重伤，见图 8.2-36。

图 8.2-36 倒塌的塔吊

塔吊起吊超重。塔吊吊装违反操作规程，包括歪拉斜吊、重物与下面物体钢筋钩等未脱离，对起重吊物重量不明(明显超重)、突然改变塔吊操作动作，当塔吊司机缺乏起吊经验，强制起吊或塔吊重量限位器失可导致塔吊倒塌事故发生

起重吊装按"十不吊"定执行现场施工组织人员必须在作业前告知现场情况，并落实各项安全技术措施

1．使用前，必须对施工机械进行检查、验收；塔吊、施工升降机、井架龙门架等起重设备在组装搭设完毕后，应经企业内部检查、验收，其中塔吊、施工升降机要向行业的机械检测机构申请检测，合格后再投入使用。同时，机械设备部门要负责对机械操作人员进行安全操作技术交底，落实设备的日常检查，督促操作人员做好机械的维修保养工作

2．在提升、悬挂或垫起至一定高度的机械设备或其他结构物下部进行检修或其他作业时，必须确保起吊设备的安全。就位后，必须将机体或物体支撑牢固后方进行作业

3．严禁在机械回转半径内及起吊物移动范围内的下部逗留或作业

物体打击的事故原因：

施工现场管理混乱；现场安全检查不到位，安全隐患未及时发现和整改；违反安全操作规程；交叉重叠作业上的杂物、垃圾过多，未能及时清理。

物体打击事故防范措施：

①不要自高处抛掷任何东西。②交叉作业劳动组织合理。拆除工程设置警示，周围设置护栏和搭防护隔离栅。缆风绳、地锚埋设牢固。③起重吊装按"十不吊"规定执行。④不从高处往下抛掷建筑材料、杂物、垃圾或向上递工具、小材料。⑤脚手架上材料堆放不过多、过高。

安全操作见图8.2-37～图8.2-39。

图8.2-37 不要自高处抛掷碎片和废物

图8.2-38 歪拉斜吊不准吊

图8.2-39 捆扎不牢的散物和物料不准吊

4. 机械伤害

事故解析：机械伤害是指机械设备运动（静止）、部件、工具、加工件直接与人体接触引起的挤压、碰撞、冲击、剪切、卷入、绞绕、甩出、切割、切断、刺扎等伤害。不包括车辆、起重机械引起的伤害，起吊超载，操作错误，忽视安全、忽视警告指挥、信号不清楚明了，司机操作不准确。

实例：

倒塌时挂倒的外架塔吊断裂处见图8.2-40。

第8章 建筑工程典型安全事故案例解析

1. 塔吊本身质量问题
2. 操作不当（塔吊作业人员对所使用的塔机不熟悉或者不了解都容易造成塔吊的倒塌事故）
3. 日常保养和检测不到位：塔吊是金属制品，很容易出现生锈和腐蚀等问题，如果平时保养不好，使用之前没有认真检查，在使用中那些被腐蚀或者生锈的地方就容易发生断裂等问题也容易引起塔吊倒塌
4. 塔吊运行时倒塌：
(1)塔吊起吊超重。塔吊吊装违反操作规程，包括歪拉斜吊、重物与下面物体钢筋钩等未脱离，对起重吊物重量不明（明显超重）、突然改变塔吊操作动作，当塔吊司机缺乏起吊经验，强制起吊或塔吊重量限位器失灵，均可导致塔吊倒塌事故发生
(2)塔吊附墙部分失控。固定式塔吊应按塔吊使用说明书要求与建筑物主体结构连接，其连接预埋件或联接均应进行结构强度计算，若连接部分出现结构强度问题在运行中或大风时发生塔吊倒塌事故

图 8.2-40　断裂的塔吊

机械伤害的事故原因：

事故解析：施工现场管理混乱；现场安全检查不到位，安全隐患未及时发现和整改；违反安全操作规程。

5. 坍塌

事故解析：坍塌伤害是指建筑物、构筑物、堆置物、土石方、搭设的脚手架体等，由于底部支承强度不能抵御上部荷重，失稳垮塌造成的安全事故。

（1）实例1

2009年上海闵行区梅陇镇"莲花河畔景苑"一栋在建的13层楼倒塌。倒塌的7号楼整体向南倾倒倒塌后，其整体结构基本没有遭到破坏，甚至其中玻璃都完好无损，大楼底部的桩基则基本完全断裂，网友戏称为"楼脆脆"，见图8.2-41～图8.2-44。

图 8.2-41　倒塌大楼（一）

图 8.2-42　倒塌大楼（二）

（2）实例2

某锅炉房工地发生塌方事故。当时在工地施工的13名民工被崩塌下来的土方压住，

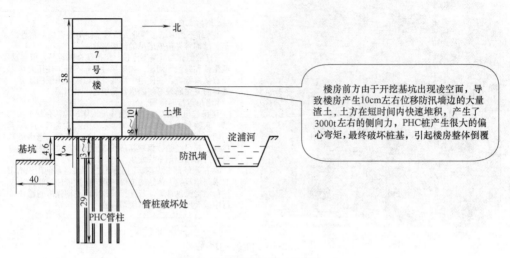

图 8.2-43 模拟图例（单位：m）

图 8.2-44 护坡坍塌

其中 4 人死亡。见图 8.2-45。

（3）实例 3

2009 年某工地发生一起基坑边坡坍塌事故，造成 8 名施工人员死亡，见图 8.2-46～图 8.2-48。

此次坍塌事故原因：未按施工方案进行施工；未对模板脚手架进行检查验收；安全管理混乱；安全检查不到位。

第8章 建筑工程典型安全事故案例解析

图 8.2-45 塌方事故现场

图 8.2-46 护坡坍塌的基坑

图 8.2-47 护坡坍塌

（4）实例4

2008年某工程建设工地上，正在建设中的满堂架整体倒塌，正在脚手架上工作的十几个工人，一瞬间如自由落体般被摔向地面。最终导致5名工人受伤，4名工人在被送往医院救治途中死亡。见图 8.2-49。

249

支护结构要加强巡查监管,做好坡顶的排水工作,杜绝雨水进入边坡

图 8.2-48　救援队伍正在使用吊车进行救援

1.脚手架搭设人员必须是经过按现行国家标准《特种作业人员安全考核管理规则》等考核合格的专业架子工。上岗人员要定期体检,合格方可持证上岗
2.搭设脚手架人员必须戴安全帽、系安全带、穿防滑鞋
3.作业层的施工荷载应符合设计要求,不得超载。不得将模板支架、缆风绳、泵送混凝土等固定在脚手架上;严禁悬挂起重设备

图 8.2-49　整体倒塌的满堂脚手架

（5）实例 5

2010 年,某过街通道的模板支撑体系发生局部垮塌事故,造成 9 人死亡。见图 8.2-50。

安全操作要求:

（1）操作人员必须经过专业培训考试合格,在取得有关部门办法的操作证或特殊工种操作证后,方可独立操作。学员必须在师傅的指导下进行操作。

（2）吊装前应检查机械锁具、夹具、吊环等是否符合要求并应进行试吊。

（3）吊装时必须有统一的指挥,统一的信号。

（4）钢结构吊装时,为防止人员、物料和工具坠落或飞出造成安全事故,需铺设安全网。安全平网设置在梁面以上 2m 处,当楼层高度小于 4.5m 时,安全平网可隔层设置。安全平网要求在建筑平面范围内满铺。安全竖网铺设在建筑物外围,防止人和物飞出造成安全事故,竖网铺设的高度一般为两节柱的高度。

6. 其他事故

（1）实例 1

火灾现场见图 8.2-51～图 8.2-54。

临时性的建筑物、仓库以及正在修建的建（构）筑物道旁,都应该配置适当种类和一定数量的灭火器,并布置在明显和便于取用的地点。冬期施工还应对消防水池、消火栓和灭火器等做好防冻工作。

> 1. 按照《建筑法》的规定，对专业性较强的分部分项工程，必须编制专项施工方案，在施工中遵照执行。
> 2. 专项施工方案必须具有按规范规定的计算方法的设计计算书，具有符合实际的、有可操作性的构造图及保证安全的实施措施。
> 3. 对特殊、复杂、技术含量较高的工程，技术部门要严格审查、把关，健全检查、验收制度，提高防范事故的能力。
> 4. 严禁履行现场施工技术管理程序，认真执行签字、验收责任制度，依法追究责任。
> 5. 在购买和使用建筑材料、设备时，必须有产品合格证、检测报告书、生产许可证（若需要时）等，签订购置、租赁合同要明确产品质量责任。必要时委托有资质的单位进行检查。

> 1. 在设备施工范围用醒目的安全防护绳(带)与周围进行隔离，并树立明显标识牌防止闲散人员误入施工现场造成安全隐患，若需进行夜间施工，则在施工位置按相关要求悬挂红色警示灯。
> 2. 若高空作业范围内预留有施工通道需要满足人行、车行的要求，必须在通道上部安装防护网，确保施工时掉落的部件、水泥块等能被防护网接住不砸伤下部行走人员、设备。同时施工现场配置专职安全员，进行交通及施工指挥，现场施工作业必须遵照专职安全员的指挥进行施工。

> 混凝土浇筑施工过程中混凝土拌合站操作人员必须按照相关要求进行操作，若设备在运行过程中出现故障，首先断开设备电源然后进行检修，检修过程中料斗必须放置到底部的料斗坑内，若料斗无法放下，检修前必须用钢管等可靠材料对料斗进行加固固定，防止检修过程中滑落造成人员伤害。

图 8.2-50　现场混凝土浇筑坍塌，救援被埋人员

临时搭设的建筑物区域内应按规定配备消防器材。一般临时设施区，每 100m² 配备两只 10L 灭火机；大型临时设施总面积超过 1200m² 的，应备有专供消防用的太平桶、积水桶（池）、黄砂池等器材设施；上述设施周围不得堆放物品。

> 1.高度24m以上的高层建筑施工现场,应设置具有足够扬程的高压水泵或其他防火设备和设施,并根据施工现场的实际要求,增设临时消防水箱,保证有足够的消防水源
> 2.高层建筑施工楼面应配备专职防火监护人员,巡回检查各施工点的消防安全情况。进入内装饰阶段,要明确规定吸烟点

> 1.高层建筑和地下工程施工现场应备有通信报警装置,便于及时报告险情
> 2.严禁在屋顶用明火熔化柏油
> 3.古建筑和重要文物单位,应由主管部门、使用单位会同施工单位共同制订消防安全措施,报上级管理部门和当地公安消防部门批准后,方可开工

图 8.2-51 着火的大厦

图 8.2-52 火焰漫天

> 建筑工地要设有足够的消防水源(给水管道或蓄水池),对有消防给水管道设计的工程,应在建筑施工时,先敷设好室外消防、室外消防给水管道与消防栓

> 施工现场夜间应有照明设备;保持消防车通道畅通无阻,并要安排力量加强值班巡逻。禁止在高压架空电线下面搭设临时性的建筑物或堆放可燃材料

> 施工现场必须设立消防车通道,其宽度不得小于3.5m,并且在工程施工的任何阶段都必须通行无阻,施工现场的消防水源,要筑有消防车能使入的道路,如果不可能修出通道时,应在水源(池)一边铺砌停车和回车空地

图 8.2-53 进行灭火

图 8.2-54 大火燃烧到傍晚

临时木工间、油漆间、木、机具间等,每 $25m^2$ 应配置一只种类合适的灭火机;油库、危险品仓库应配备足够数量、种类合适的灭火机。

(2) 实例2

施工人员违章作业使用电热器，离开未断电，导致火灾事故发生，造成正在别的房间休息的人员死亡，见图8.2-55。

施工人员违章使用电热器，离开后未断电，导致火灾事故发生，造成正在别的房间休息的人员死亡

1. 采用电热法加温，应设电压调整器控制电压；导线应绝缘良好，连接牢固，并在现场设置多处测量点
2. 采用锯生石灰蓄热，应选择安全配合比，并经工程技术人员同意后方可使用
3. 采用保温或加热措施前，应进行安全教育；施工过程中，应安排专人巡逻检查，发现隐患及时处理

图8.2-55　事故现场

事故原因：

施工人员麻痹大意，人走电未断，工人防火、防电意识差，安全教育不到位。现场消防设施不齐全。

（3）实例3

某工地施工人员租住的民房发生火灾，造成10人死亡，烧伤14人。事故原因调查中，可能是由于工人在宿舍内明火煮食或私拉电线使用大功率电器引起的火灾。见图8.2-56。

（4）实例4

某工地民工简易宿舍突然起火，大火将44间宿舍烧为灰烬，事故虽无人员伤亡，但工人的财物包括存折、银行卡、现金等均被烧毁。见图8.2-57。

（5）实例5

人工挖孔桩发生事故导致工人死亡。

施工现场应明确划分用火作业，易燃可燃材料堆场、仓库、易燃废品集中站和生活区等区域。各区域之间可靠的防火间距：
1. 禁火作业区距离生活区不小于15m距其他区域不小于25m。2. 易燃、可燃的材料堆料场及仓库距离修建的建筑物和其他区不小于20m。3. 易燃的废品集中场地距离修建的建筑物和其他区不小于30m。4. 防火间距内，不应堆放易燃和可燃的材料

图8.2-56　火灾后的施工现场

在独立的场地上修建成批的临时宿舍，应当分组布置，每组最多不超过二幢，组与组之间的防火距离，在城市市区不小于20m,在农村不小于10m。临时宿舍简易楼房的层高应当控制在两层以内，每层应当设置两个安全通道

1.临时生活设施应尽可能搭建在距离修建的建筑物20m以外的地区，禁止搭设在高压架空电线的下面，距离高压架空电线的水平距离不应小于6m
2.临时宿舍与厨房、锅炉房、变电所和汽车库之间的防火距离，应不小于15m
3.临时宿舍等生活设施，距铁路的中心线以及小量易燃品储藏室间距不小于30m
4.临时宿舍距火灾危险性大的生产场所不得小于30m
5.为贮存大量的易燃物品、油料、炸药等所修建的临时仓库，与永久工程或临时宿舍之间的防火间距应根据所贮存的数量，按照有关规定确定

图 8.2-57 当时的着火的虚拟场景还原

事故原因：

安全管理混乱，未对超深桩进行送风、送氧等措施是主因；未进行安全技术交底；未进行安全教育培训，项目人员安全意识贫乏；没有应急预案，缺少突发事件的处理能力。

人工挖孔桩施工应采取下列安全措施：

（1）孔内必须设置应急软爬梯供人员上下；使用的电葫芦、吊笼等应安全可靠，并配有自动卡紧保险装置，不得使用麻绳和尼龙绳吊挂或脚踏井壁凸缘上下。电葫芦宜用按钮式开关，使用前必须检验其安全起吊能力；

（2）每日开工前必须检测井下的有毒、有害气体，并应有足够的安全防范措施。当桩孔开挖深度超过 10m 时，应有专门向井下送风的设备，风量不宜少于 25L/s；

（3）孔口四周必须设置护栏，护栏高度宜为 0.8m；

（4）挖出的土石方应及时运离孔口，不得堆放在孔口周边 1m 范围内，机动车辆的通行不得对井壁的安全造成影响；

（5）施工现场的一切电源、电路的安装和拆除必须遵守现行行业标准《施工现场临时用电安全技术规范》JGJ 46 的规定。

8.3 事故总结

（1）每一次事故都是一次教训，每一张图片都是一次震撼。违章不一定出事故。出事故必是违章。安全事故的发生多数与"三违"有关：违章指挥；违反操作规程；违反劳动纪律。

（2）事故原因分析：

直接原因：物（和环境）的不安全状态，人的不安全行为，违犯操作规程或劳动纪律；间接原因：管理不合理，没有安全操作规程或规章制度不健全；劳动组织不合理，对现场工作缺乏检查或指导错误；教育培训不够，未经培训，缺乏或不懂安全操作知识；没有或不认真实施事故防范措施，对事故隐患整改不力。

（3）事故的预防对策：

1）施工前应编制安全技术措施。对危险性大的作业项目应编制分项施工方案和安全技术措施，要对作业环境进行勘察了解，按照施工工艺对施工过程中可能发生的各种危险，预先采取有效措施加以防止，并准备必要的救护器材防止事故延伸扩大。

2）先培训后上岗：对施工人员，必须学习施工安全相关知识和规定，经考核合格后上岗，在具体施工操作前，需根据实际情况进行安全技术交底，并教会使用救护器材，较大的施工工程应配有专业消防人员进行检查指导。

3）落实各级责任制。对于施工现场安全管理除应配备专业人员外，还应建立各级责任制度，并有针对性地进行检查，使这一工作切实从思想上、组织上及措施上落实。

总之，建筑施工企业要认真按照《建筑施工安全检查标准》JGJ 59，加强对企业的安全生产和安全管理工作，全面加强安全培训和教育，提高员工的安全意识、责任心、技术水平和安全素质；严格按照施工技术规范进行施工和作业，加大安全防护设施方面的投入，不得任意简化安全防护措施，杜绝麻痹思想和冒险蛮干，认真做好安全生产交底工作；加强劳动保护用品的使用和管理，对违章作业者要严肃处理。通过严格的安全生产管理，把建筑施工"五大伤害"降低到最低点。